AF555377

BIBLIOTHÈQUE MORALE

DE

LA JEUNESSE

ABRÉGÉ

D'HISTOIRE NATURELLE

A

L'USAGE DE LA JEUNESSE

ROUEN

MÉGARD ET Cie, IMPRIMEURS-LIBRAIRES

Grand'Rue, 156, et rue du Petit-Puits, 21

1851

Avis des Éditeurs.

Les Éditeurs de la **Bibliothèque morale de la Jeunesse** ont pris tout-à-fait au sérieux le titre qu'ils ont choisi pour le donner à cette collection de bons livres. Ils regardent comme une obligation rigoureuse de ne rien négliger pour le justifier dans toute sa signification et toute son étendue.

Aucun livre ne sortira de leurs presses, pour entrer dans cette collection, qu'il n'ait été au préalable lu et examiné attentivement, non-seulement par les Éditeurs, mais encore par les personnes les plus compétentes et les plus éclairées. Pour cet examen, ils auront recours particulièrement à des Ecclésiastiques. C'est à eux, avant tout, qu'est confié le salut de l'Enfance, et, plus que qui que ce soit, ils sont capables de découvrir ce qui, le moins du monde, pourrait offrir quelque danger dans les publications destinées spécialement à la Jeunesse chrétienne.

Toute observation à cet égard peut être adressée aux Éditeurs sans hésitation. Ils la regarderont comme un bienfait non-seulement pour eux-mêmes, mais encore pour la classe si intéressante de lecteurs à laquelle ils s'adressent.

HISTOIRE
DES ANIMAUX.

LES QUADRUPÈDES.

Des Animaux Domestiques.

LE CHEVAL.

Le cheval, en sortant des mains de la nature, est jaloux de sa liberté, fier de son indépendance, mais sociable. Les chevaux sauvages vivent en troupes. Il règne entr'eux de l'union, de l'amitié. Leurs mœurs sont simples, leur tempérament frugal. A l'aspect d'un homme ils s'arrêtent, le regardent d'un œil curieux, mais sans effroi. L'un d'eux s'avance, le fixe d'un regard orgueilleux, souffle des naseaux, prend la fuite, et la troupe le suit d'un pas léger.

L'homme, toujours industrieux, a soumis à son empire cet animal indocile. Le cheval, pris dans des lacs de corde et dompté par le besoin, est devenu susceptible d'éducation. En perdant sa liberté, loin d'avoir perdu sa noblesse et sa force, il a acquis les grâces et le sentiment. On le dresse pour la pompe et pour le manége. Il est souple et attentif aux mouvements qu'exige de lui la main qui le guide. Les Perses avaient appris à leurs chevaux à s'accroupir pour recevoir les cavaliers. Les mors et l'éperon fléchissent la résistance de cet animal. Dans les combats, il est courageux et plein de feu. Le bruit des armes et de l'artillerie le fait frémir et l'anime. Il court à la victoire. Il n'est pas moins ardent à la chasse. Dans les travaux domestiques, infatigable, il partage avec son maître l'ardeur du soleil, la rigueur du froid, les fatigues du voyage et d'un exercice violent. On connaît l'ardeur des chevaux anglais pour la course. Sensible aux soins de son bienfaiteur, le cheval connaît sa voix, lui obeit, devient familier. En Arabie, les chevaux couchent dans la tente de leurs maîtres, souffrent le badinage, n'osent remuer la nuit, crainte de les blesser, passent le jour dehors, selles et bridés. A l'instant où l'Arabe monte et presse légèrement son cheval, celui-ci part comme un éclair, et franchit les fossés et les haies qui s'opposent à son passage. Les Numides couraient debout, assis, couches sur les chevaux, qui, sans mors et sans brides, précipitaient leurs pas, le ralentissaient, détournaient, s'arrêtaient au simple commandement.

Les qualités sociales du cheval tiennent à la bonté de son caractère. On est quelquefois touché de l'affection qu'ils se portent entr'eux par l'habitude de vivre ensemble. On se rappelle avec plaisir ce trait des chevaux de cavalerie qui broyaient sous leurs dents la paille et l'avoine, et la jetaient ensuite devant un vieux cheval, qui ne subsistait que par leurs soins généreux.

Le pas, le trot, le galop sont les allures naturelles et régulières du cheval. L'amble, l'aubin, l'entre-pas sont des allures vicieuses. Il hennit, montre les dents pour exprimer sa faim, sa joie, ses désirs, ses amours et les autres mouvements de son âme. Ses oreilles basses annoncent sa fatigue. L'une en avant, l'autre en arrière, désignent son caractère colère. Droites, elles se dirigent du côté du bruit et du mouvement. La bouche fraîche, écumeuse sous la bride, est un signe d'un bon tempérament. Les yeux enfoncés ou de grandeur inégale font connaître sa vue courte, mauvaise et délicate. Ses dents, jusqu'à huit ans, marquent son âge.

Parmi les différentes races de chevaux, la première et la plus estimée est celle des Arabes; les autres races ne sont que des variétés occasionnees par le croisement nécessaire des races. Les beaux chevaux de selle et de chasse nous viennent de Barbarie, d'Angleterre et du Limousin; ceux de cavalerie, d'Espagne, de Hongrie, de Danemarck et de Normandie; ceux de trait et d'attelage, de Naples, de Danemarck, d'Espagne, de Hollande, de Normandie, de Bretagne, du Poitou, de la Gascogne, du Boulonnais et de la Franche-Comté.

Cet animal vit vingt-cinq à trente ans, à raison de la durée de son accroissement. Après sa mort, l'homme met à profit sa dépouille. Les tamis, les archets d'instruments, les fauteuils, les coussins, prouvent l'utilité de son crin. Les selliers, les bourreliers font grand usage de son cuir tanné. On fait des peignes avec sa corne.

L'ANE.

Cet animal diffère beaucoup du cheval par la petitesse de sa taille, par ses longues oreilles, sa queue qui n'est garnie de poil qu'à l'extrémité, par son port qui n'a point la noblesse de celui du cheval, par son braire désagréable. On lui reproche plusieurs vices dans le caractère; mais combien de qualités utiles rachètent ses défauts! Il est sobre, tempérant, on le met à tout; il est dur et patient au travail; c'est la ressource des gens de campagne qui ne peuvent pas acheter un cheval et le nourrir. Cet animal est originaire d'Arabie. Il vit en société dans la Lybie, dans la Numidie : on en voit des troupes qui marchent ensemble ; lorsqu'ils aperçoivent quelqu'un, ils jettent un cri et font une ruade, s'arrêtent, et, ainsi que les chevaux sauvages, ne fuient que lorsqu'on les approche. L'âne s'est naturalisé sous d'autres climats ; plus les pays sont froids, plus cet animal a perdu de sa première nature. Les Arabes en ont un aussi grand soin que de leurs chevaux. Ils les dressent à aller à l'amble ; ils leur fendent les naseaux, pour qu'ils puissent respirer plus aisément dans la vitesse de la course, qui est aussi vive que celle des chevaux. Cette espèce a dégénéré dans nos climats. Les ânes sont en grand honneur à Maduré, où une tribu d'Indiens les révère particulièrement. Ce peuple est persuadé que les âmes des nobles passent dans les corps des ânes. La famille du roi de ce pays prétend même en descendre en ligne directe, et ceux de cette famille traitent les ânes comme leurs propres frères. On assure que l'âne vit trente ans.

LE TAUREAU.

Le taureau, plus fort, plus vigoureux que le bœuf, est aussi plus indocile, plus fier. Ses mouvements sont plus brusques. Il ne souffre point le joug patiemment. Un ton de voix grave et mâle, une démarche noble et orgueilleuse le distinguent du reste du troupeau. Les taureaux se battent entr'eux avec acharnement, et ne cessent le combat que lorsqu'on les sépare, ou que le plus faible est contraint de céder au plus fort. Le taureau a l'instinct et les habitudes du bœuf, sa manière de vivre ; boit, dort, mange, rumine comme lui. Il est sujet aux mêmes maladies, laisse après sa mort une dépouille aussi utile.

LE BÉLIER, LE MOUTON, LA BREBIS.

Le bélier est le mâle de la brebis. De tous les animaux quadrupèdes dans l'état de domesticité, cette espèce est la plus stupide. Le bélier porte sur sa tête des cornes qui viennent se contourner sur le devant en forme de demi-cercle, quelquefois en spirale. On connaît l'âge du bélier par ses cornes, qui croissent tous les ans d'un anneau jusqu'à l'extrémité de sa vie. Sa chair a l'odeur et le goût de celle du bouc.

Le mouton est le belier coupé. Cet animal domestique, symbole de la douceur et de la timidité, semble n'exister que pour fournir à nos besoins. La laine, la peau, la chair, les os, tout, dans cet animal, est devenu le domaine de la nécessité et de l'industrie. La fatigue, l'ardeur du soleil, l'humidité, le froid, la neige et les mauvaises herbes, sont autant de causes qui altèrent le tempérament delicat des moutons, et leur occasionnent des maladies souvent contagieuses. L'usage du sel leur rend l'appétit, entretient leur état de santé et leur procure une laine plus belle et meilleure. La laine du cou et du dos des moutons est la première qualité.

La brebis est pour l'homme l'animal le plus précieux; seul il peut suffire aux besoins de première nécessité : il fournit tout à la fois de quoi se nourrir et se vêtir, sans compter les avantages qu'on peut tirer du suif, du lait, de la peau, des os et du fumier.

LE MOUFLON.

Le mouflon se voit dans les bois de la Russie, de la Sibérie, dans les îles de Sardaigne, de Corse et de Chypre. Il paraît être la source primitive de nos beliers, moutons et brebis. Cet animal vigoureux résiste aux intempéries de l'air ; il habite également dans les climats chauds, froids et temperes; couvert de poils plus ou moins épais, il jouit de toute la force qu'ont les animaux restes entre les mains de la nature.

La race de cet animal, qui s'est répandue du nord au midi, devenue domestique, a degénéré, subi les maux attaches à cet état, et varié, suivant les climats, les nourritures et les divers traitements. Les nouvelles habitudes du corps se sont perpétuées par les generations, et ont formé notre brebis domestique et toutes les autres races de brebis que l'on voit sur le continent. Le poil du mouflon s'est changé en laine dans les climats tempérés.

Dans l'île de Chypre, on passe les peaux de mouflon, et l'on en fait des *cordouans* ou cuirs à souliers, qu'on envoie en Italie.

LA CHÈVRE.

La chèvre est la femelle du bouc, elle est remarquable par la longueur de deux pis qui lui pendent sous le ventre; elle a, ainsi que le bouc, un toupet de barbe sous le menton. Cet animal, devenu domestique, a du sentiment, de l'agilité, quelquefois du caprice; il s'accoutume difficilement au froid, et s'expose plus volontiers à l'ardeur du soleil; il aime à s'écarter dans la solitude, à grimper sur les lieux escarpés, à se placer et même dormir sur la pointe des rochers et sur les bords des précipices. Son tempérament robuste s'accommode de toutes les plantes.

Le lait de la chèvre est doux, léger, et retient quelque chose de la qualité des plantes astringentes ou purgatives que l'animal a digérées. Aussi porte-t-on une attention particulière pour la nourriture des chèvres, dont le lait est destiné à rétablir des estomacs délicats.

On a vu quelquefois la chèvre compatissante, attirée par les cris d'un enfant abandonné, venir à son secours et lui servir de mère et de nourrice. De nos jours, en France, les dames ont osé confier à cet animal, bon et familier, la nourriture de leurs enfants. Cette méthode n'a pas été sans succès.

On fait avec le lait de chèvre de très-bons fromages. Les plus fins camelots sont faits du poil de ces animaux.

LE SANGLIER.

Cet animal sauvage est la source primitive du cochon domestique. Sa manière de vivre et ses inclinations se ressemblent beaucoup. Le sanglier peut vivre jusqu'à vingt-cinq ou trente ans. Sa femelle s'appelle *laie*. Les jeunes sangliers portent pendant six mois le nom de *marcassin*, et jusqu'à l'âge de deux ans, celui de *bête rousse* ou de *compagnie*. On donne le nom de *ragot* aux mâles entre deux ou trois ans. C'est depuis trois jusqu'à cinq ans que les sangliers sont le plus à craindre. Leurs defenses sont alors extrêmement tranchantes. A mesure qu'ils passent cet âge, elles deviennent moins incisives ; mais leur force les rend toujours très-redoutables. Lorsque les sangliers ont atteint l'âge de trois ans, ils ne vivent plus en compagnie. Ils sont alors pourvus d'armes qui les rassurent. La sécurité les mène à la solitude. Les laies vivent toujours en société, s'attroupent plusieurs ensemble avec leurs marcassins et les jeunes mâles dont les défenses ne sont pas encore au point de leur rendre toute association inutile. Tous les sangliers qui composent cette troupe ont l'esprit de la défense commune. Non-seulement les laies chargent avec fureur les hommes et les chiens qui attaquent leurs marcassins, mais encore les jeunes mâles s'animent au combat. La troupe se range en cercle. On place au centre les plus faibles, et on présente partout un front hérissé de boutoirs. La chasse du sanglier se fait à force ouverte. On tâche d'en séparer un de la troupe, on le poursuit. Les sangliers de trois ans sont difficiles à forcer, parce qu'ils courent très-loin sans s'arrêter; mais les vieux sangliers et ceux qui sont fatigués s'acculent contre un arbre, font face aux chiens et en tuent plusieurs, si on les laisse se livrer à leur ardeur. La hure du sanglier est la partie la plus délicate. On mange les marcassins et jeunes sangliers. On fait avec la peau du sanglier des cribles, et avec ses soies, des pinceaux, des brosses. La graisse sert à faire le saindoux et le vieux oing.

LE COCHON D'INDE.

Le cochon d'Inde est originaire des climats chauds; on le trouve au Brésil et dans la Guinée; il s'est naturalisé chez nous. Quoiqu'il multiplie prodigieusement, il n'y est pas commun ; il est fort gai, ne fait que jouer, se divertir, manger, dormir ; se nourrit d'herbes, de fruits, de pain, de son, de farine ; préfère le persil, ne boit jamais, urine à chaque instant, mange précipitamment, à peu près comme le lapin, peu à la fois, mais très-souvent.

Il y a des cochons d'Inde de différentes couleurs : les uns sont tout blancs, les autres sont noirs et blancs ; en général leur poil est fort rude ; ils vivent communément six à sept ans.

Ils sont délicats et frileux, il faut les tenir dans un endroit sec et chaud ; lorsqu'ils sentent le froid, ils se rassemblent et se serrent les uns contre les autres ; malgré cette précaution, il arrive souvent que la rigueur de la saison les fait mourir. Un petit cri est chez eux le signe de la douleur ; un petit gazouillement, celui du plaisir.

Les femelles portent au bout de deux mois, et produisent six fois par an ; elles mettent bas la première fois quatre ou cinq petits ; et ensuite, toujours en augmentant jusqu'à dix ; elles n'allaitent leurs petits qu'environ quinze jours. Leur tempérament précoce les fait multiplier si extraordinairement, qu'une seule paire, dans une année, peut être la souche d'un millier ; mais aussi leur destruction est en raison de leur multiplication : l'humidité fait périr ces petits animaux ; ils se laissent aussi manger, eux et leurs petits, par les chats, sans se défendre.

Le cochon d'Inde est naturellement doux et privé, il ne fait aucun mal, mais il est également incapable de faire du bien ; ne s'attache point ; il est docile par crainte et par faiblesse ; enfin il a l'air d'une vraie machine animée ; la seule utilité dont il est, c'est qu'il guette les souris et les attrape. Sa chair est fade et insipide.

LE CHAT.

Le chat est naturellement sauvage, et se trouve dans les differentes contrées de l'un et de l'autre continent. Ses mœurs, adoucies autant par le changement de climat que par le croisement des races et l'éducation, retiennent toujours quelque chose de sa malignité primitive. Adroit, souple, curieux de la propreté, méfiant, indocile, volontaire, moins ami de l'homme que familier par intérêt et par habitude ; ingrat, méchant par caractère, s'irritant des mauvais traitements, dangereux dans sa colère, c'est le symbole de l'hypocrisie et de la trahison.

Il n'a d'instinct que pour la destruction des rats et des souris, qu'il guette avec beaucoup de patience. Ce petit mérite et notre avantage particulier lui ont attiré de la considération. Mais cet instinct s'énerve dans le chat trop bien nourri et disparaît entièrement dans le chat esclave. On a vu cet animal, enfermé avec des souris dans la même cage, souffrir leurs agaceries sans leur faire aucun mal.

Le chat lappe pour boire, s'accroupit. Dans sa jeunesse, il divertit par ses gentillesses et son agilité. Ses griffes rentrent dans ses pattes. Il s'en sert pour grimper. C'est aussi l'instrument de sa colère, et plus souvent de sa perfidie. Ses yeux ne peuvent supporter la grande lumière. La petite membrane transparente qui lui sert de rideau pendant le jour se retire pendant la nuit. Ils sont imbibés des rayons de la lumière. Aussi, dans l'obscurité la plus profonde, les chats voient-ils à courir sur leur proie.

La femelle engendre dès la première année, met bas, au bout de cinquante-six jours, cinq ou six petits, qu'elle dévore quelquefois. Le plus souvent elle les cache pour les dérober à la fureur des mâles, toujours prêts à les manger, peut-être par jalousie des soins de la femelle. Celle-ci ne laisse pas aisément prendre ses petits. Si on l'inquiète, elle les prend dans sa gueule et les transporte ailleurs. Le chat, en tombant des toits, fait mécaniquement un mouvement qui le fait toujours tomber sur ses pattes. On voit luire le dos d'un chat lorsqu'on le frotte à contre-poil, surtout dans le temps de la gelée. Ce phénomène tient à ceux de l'électricité. Quoiqu'il ait la vie dure, il ne passe guère douze à quinze ans. La fourrure du chat est la seule dépouille utile qu'on en tire. Le menu peuple mange quelquefois sa chair en civet, et lui trouve le goût du gibier.

Les chats d'Angola ont la queue belle et de longs poils soyeux ; ce sont les plus estimés.

Les Egyptiens respectaient le chat comme un Dieu, punissaient sévèrement les auteurs de sa mort, prenaient le deuil, se rasaient les sourcils, l'embaumaient, et lui rendaient tous les honneurs de l'apothéose.

Des Animaux Sauvages.

Nous allons maintenant chercher dans les bois les animaux que nous n'avons pu encore contraindre à vivre autour de nous, ou que la nature n'a créés que pour habiter les plus profondes solitudes. Occupons-nous d'abord des plus innocents ; ce sont ceux qui doivent le plus intéresser.

LA BICHE.

La biche est la femelle du cerf, et n'a point de bois; elle a quatre mamelles comme la vache, ne met bas qu'un petit, qui, en sa première année, porte le nom de *faon*. Elle porte pendant huit mois, s'apprivoise plus facilement que le cerf, et court avec la même vélocité. La croissance du *faon* est prompte; et quand il est devenu grand, la mère lui apprend à courir, à sauter et à se sauver des chiens ; s'il ne lui obéit pas, elle lui donne des coups de pieds. Lorsqu'elle entend l'approche des chasseurs, sa tendresse la porte à se présenter aux chiens et à fuir devant eux ; les a-t-elle éloignés du *faon*, elle se dérobe adroitement à leur poursuite et revient auprès de lui.

LE CHEVREUIL.

Le chevreuil n'est pas plus grand que la chèvre ; il a le poil brun, court, propre et lustré. Son air est gai, vif, léger ; ses yeux sont rusés. Il bondit facilement, et c'est par ce moyen qu'il échappe quelquefois aux chiens qui le poursuivent. Comme l'odeur qu'il laisse sur ses traces lui est funeste, il fait tout à coup un bond sur le côté, et met ainsi en défaut ses ennemis.

Les chevreuils ne forment point de troupes, mais des sociétés de famille, dont le père et la mère sont les chefs. Ces sociétés durent jusqu'à l'époque du rut ; alors le père et la mère chassent les petits. On vit aussi ensemble pendant l'hiver. Au printemps, les jeunes chevreuils forment de nouveaux ménages, s'éloignent, et deviennent à leur tour chefs de famille. La famille aime si tendrement ses petits, qu'elle s'expose à tous les dangers pour les sauver. Elle redoute surtout le loup, qui, malgré ses soins, bien souvent lui ravit son plus doux espoir.

Le chevreuil vit douze à quinze ans. Il a deux petites cornes sur le devant, qui se divisent en quatre ou cinq andouillers. Cet animal s'apprivoise, sans jamais se familiariser; il conserve toujours le desir de la liberté. Quoique petit, il est très-fort et bien musclé. Il vit comme le cerf et le daim, et se plaît surtout dans les lieux élevés.

L'ÉLAN.

L'élan est une espèce de cerf: on l'appelle, dans le Canada, *original;* au Cap, le *canna*, et dans la Grèce, l'*alcée*. Ce quadrupède ruminant est de la grandeur du cheval; il habite particulièrement la Moscovie, la Pologne, la Suède, la Prusse, le Canada; il est plus grand, plus fort que le cerf; ses jambes sont longues et menues, ses pieds noirâtres, et ses ongles fendus, comme ceux du bœuf; son poil, d'un jaune obscur, mêlé d'un gris cendré, approche, pour la couleur, de celui du chameau; ce poil a jusqu'à trois pouces de longueur; sa tête est fort grosse, ses yeux étincelants, ses oreilles ressemblent à celles de l'âne, sa queue est fort petite.

Cet animal timide habite les profondes solitudes des bois les plus épais, les terres basses et les forêts humides; il a l'odorat fin, se nourrit de feuilles, d'écorces d'arbre et de mousse.

Lorsqu'il court, il fait entendre de loin un craquement semblable au bruit de deux cailloux qui tomberaient l'un sur l'autre; ce craquement est occasionné par le jeu des articulations de ses pieds; ses jambes nerveuses le mettent en état de courir sur la glace et les rochers avec la plus grande facilité; il évite ainsi les loups et les animaux carnassiers, qui ne peuvent le suivre dans ses retraites.

Lorsqu'il est poursuivi, il lui arrive souvent de tomber tout à coup, ce que l'on attribuait à l'épilepsie; mais il paraît que c'est plutôt l'effet de la peur et de la fatigue. Lorsqu'il se sent frappé, il retourne sur le chasseur, qui, s'il ne se sauve au plus vite, court risque de perdre la vie; l'élan en fureur revient sur lui, et comme il a beaucoup de force, le foule sous ses pieds, ou l'enlève sur ses cornes, et vient souvent à bout de le tuer.

Il n'y a que le mâle, comme dans les cerfs et les chevreuils, qui porte des cornes; il les met bas tous les ans aux mois de janvier et février. Ces animaux vont pour l'ordinaire en troupes; ils sont aussi habiles à nager que le cerf.

La femelle, vers le milieu du printemps, met bas un ou deux *faons*, les élève et les garde avec elle pendant deux ou trois ans; il n'y a point de dangers auxquels elle ne s'expose pour les défendre.

Quand on peut en attraper de petits, on les apprivoise aisément; ils sont faciles à nourrir, en leur faisant teter une vache. On prend les gros de diverses manières, soit avec des cordes ou lacets, soit en les chassant avec des chiens dans les filets, ou en les faisant tomber dans des trous.

La peau de cet animal est fort épaisse, presque impénétrable au coup de feu; on en fait des cuirasses; ces mêmes peaux passées à l'huile se vendent quelquefois sous le nom de *peau de buffle;* on s'en sert à faire des baudriers, des ceinturons, des gants; le poil est élastique, spongieux comme le jonc: on l'emploie à garnir les selles.

LA RENNE.

Cet animal des pays froids du nord rend lui seul, dit M. de Maupertuis, autant de services qu'un cheval, une vache et une brebis ensemble. La renne est naturellement sauvage, intraitable. Les Lapons sont parvenus à en faire un animal domestique très-utile. Il ne coûte que trois florins dans le pays. Ce n'est point être riche que d'avoir deux ou trois cents rennes. On les enferme dans de grands parcs, près des forêts. On les veille jour et nuit, l'hiver et l'été. Ils sont tous marqués sur leurs bois ou leurs oreilles pour les reconnaître, s'ils s'égarent, lorsqu'on les mène au pâturage. La voiture des Lapons est une espèce de bateau ou traîneau qu'ils nomment *pulka :* il n'y a place que pour la moitié du corps de l'homme. La renne, attachée à ce traîneau par une longe qui passe devant le poitrail, le tire avec une rapidité singulière, en foulant d'un pied léger les chemins de neige marqués de branches de sapin. Plus le chemin est ferme et battu, plus la course de la renne est rapide. Elle s'emporte quelquefois au point de n'écouter ni la voix de son maître, ni la bride attachée à son bois; ou, si elle est forcée de s'arrêter, elle se détourne d'impatience et vient fouler aux pieds son conducteur, si celui-ci n'a soin de se renverser et de présenter le dessous du traîneau aux pieds de l'animal irrité. Les cahos dans cette voiture sont très-fréquents : il faut s'attendre à être souvent renversé; aussi a-t-on soin de se faire lier dans le pulka. Un petit bâton dans la main du voyageur lui sert à éviter les troncs d'arbres. A droite et à gauche de la chaussée sont des abimes de neige et des précipices affreux qui doivent faire craindre de quitter les chemins battus et indiqués. Les Lapons voyagent assez souvent par caravanes, pour troquer les peaux et les poissons. Ils ne manquent pas de suivre un à un le chemin tracé ; le premier traîneau est tiré par un Lapon. Ils reposent de temps en temps leurs rennes, se mettent en cercle, font leurs repas, et donnent à leurs bêtes de la mousse mêlée de neige et de glace, afin qu'elles trouvent à boire et à manger dans cette nourriture. Indépendamment de l'utilité que les Lapons retirent des rennes pour porter des fardeaux et traîner en voyage, les femelles leur fournissent une fois par jour du lait gras, épais, nourrissant, meilleur lorsqu'elles ont des petits. Cet animal, qui, au bout de quatre ans, a pris sa croissance, ne vit guère que treize ans. Les Lapons se nourrissent de sa chair, excellente en automne. Ils préfèrent celle des rennes stériles. Son poil, roux et frisé lorsque l'animal est jeune, brun lorsqu'il est vieux, est d'une très-bonne fourrure. Les Finnoises se font des pelisses avec de jeunes fourrures. Les vêtements connus sous le nom de *lapp-mudes*, dont le poil se porte en dehors, sont des dépouilles des rennes. On fait avec la peau de vieilles rennes des vestes et des ceinturons, gants et autres meubles, très-propres et très-commodes. Ses nerfs et ses boyaux sont aussi d'usage : on en fabrique des fils. Rien n'est perdu, tout est utile ; et c'est ainsi que, dans les différents climats, la nature supplée aux besoins de l'espèce humaine par des moyens différents.

LE LIÈVRE.

Ce petit animal, dont la race est répandue avec tant de profusion sur la surface de la terre, paraît être destiné aux plaisirs de l'homme, plus encore qu'à ses besoins. Le lièvre a peu d'industrie. Naturellement peureux, l'agitation de l'air, le bruit d'une feuille, en voilà assez pour le mettre en alarmes. Encore s'il avait l'instinct de se faire un terrier ; mais, se croyant caché dans un sillon, entre quelques légères mottes de terre, il ne doit souvent son salut qu'à son caractère inquiet et défiant, à la finesse de l'organe de l'ouïe et à la rapidité de sa course. L'hiver, il se gîte à l'abri du nord; et l'été, à l'abri du midi, dans les blés. Lorsqu'ils sont grands, il abat les épis pour se faire des sentiers et fuir librement à l'approche des chiens. Ses yeux semblent ne voir que de côté. Sa bouche est garnie de poils intérieurement. Ses pattes sont en dessous couvertes de poils; sa voix est faible. On ne l'entend guère que lorsqu'il est pris ou blessé. Ses jambes de devant, plus courtes, lui donnent la facilité de monter lestement. Il descend avec moins d'agilité. Il mène pendant sept ans une vie solitaire, silencieuse, mais agitée et toujours poursuivie par la crainte ou par un danger réel. Assez paisibles dans le jour, la nuit est pour eux le temps des promenades, des festins et des danses. C'est un plaisir de les voir sauter, gambader au clair de la lune. Ils vivent de grains et de plantes aromatiques, tels que la marjolaine, le serpolet, etc.; dorment les yeux ouverts, blanchissent plus ou moins en vieillissant, s'asseoient sur leurs pattes de derrière, sont assez caressants lorsqu'ils sont apprivoisés. On en a vu qui étaient dressés à battre le tambour. Cependant ils ne s'accoutument pas à l'esclavage, et ils tournent tous leurs efforts du côté de la liberté. La chasse du lièvre est une des plus agréables, soit à cause de la prodigieuse fécondité de ces animaux, soit par le plaisir de l'exercice en lui-même.

On chasse le lièvre avec des chiens d'arrêt, ou on le force à la course avec des levriers ou des chiens courants. On le fait aussi prendre par des oiseaux de proie. Le lièvre lancé part comme un éclair sans observer une course régulière. Il va, vient et revient sur ses pas, toujours au-dessus du vent. On en a vu quelques-uns se jeter dans un étang et se cacher dans les roseaux, ou se dérober à la poursuite des chiens en se logeant dans le tronc d'un arbre; mais, pour l'ordinaire, le lièvre va toujours courant jusqu'à ce qu'il ait échappé à l'ardeur des chiens et du chasseur. Alors, tout hors d'haleine, il se couche ventre à terre sur l'herbe la plus fraîche. Son corps exhale une espèce de fumet qui le trahit, même à une distance très-eloignée. Le chasseur habile, averti par cet indice, s'avance pour le tuer au gîte, en prenant la précaution d'éloigner ses chiens, que le lièvre pourrait peut-être sentir de loin. Il est moins en garde contre un homme qui semble ne pas le chercher, et qui parvient jusqu'à lui par un chemin un peu oblique. Les loups, les aigles, les renards, les ducs et les buses sont, pour cet animal sans défense, des ennemis aussi redoutables que l'homme. Outre les plaisirs de la chasse, le lièvre fournit encore à nos tables un excellent mets.

La chair des femelles est plus délicate. On préfère le lièvre des montagnes à ceux des plaines. Ceux que l'on chasse vers les marais et lieux fangeux, sont de mauvais goût; on les appelle *lièvres ladres*. La loi des Juifs et celle de Mahomet interdisent la chair du lièvre comme celle du cochon. La fourrure des lièvres d'Amérique est excellente; leur poil ne tombe jamais. Les chapeliers font usage du poil de lièvre comme de celui du lapin.

Des Animaux Sauvages et Carnassiers.

Parmi les animaux carnassiers, il n'y en a que quelques-uns que l'on peut regarder comme cruels; les autres suivent l'impulsion de la nature, qui a voulu qu'ils se nourrissent de chair et non de végétaux. Prenons pour exemple l'animal qui, dans nos climats, est regardé comme le plus féroce, et nous reconnaîtrons bientôt que ce n'est pas tant le plaisir de verser le sang, que le besoin de se nourrir, qui le porte à déclarer la guerre à une partie des animaux qui l'environnent.

LA LOUTRE.

La loutre est naturellement bon nageur et habile pêcheur. Elle habite le bord des rivières, des lacs. Les fentes des rochers, les piles des bois à flotter, les trous pratiqués sous les racines des saules et peupliers, lui servent de retraite. Ses pattes membraneuses et ses larges poumons lui donnent beaucoup de facilité pour nager et rester sous l'eau. Rien d'intéressant dans la figure, l'air assez bête, des mouvements gauches, difficile à apprivoiser, peu susceptible d'éducation, avide de poisson, le fléau des lacs et des étangs empoissonnés, tels sont les traits caractéristiques de la loutre. Son industrie consiste à agiter l'eau. Les poissons, écrevisses, rats d'eau, qui fuient sur les bords, entre les pierres et les cailloux, deviennent sa proie. Notre maraudeur, par pure méchanceté, en tue souvent plus qu'il ne peut en manger. A défaut de poissons, il se nourrit de plantes aquatiques et d'herbes nouvelles. On reconnaît aisément ses traces par sa fiente mêlée d'arêtes et de restes de poissons mal digérés, qu'il dépose, dit-on, sur les grandes pierres qu'il rencontre dans son passage. On le prend vivant au piége avec l'appât d'un poisson. En Suède on le dresse à la pêche, comme le chien à la chasse. Autrefois les cuisiniers de ce royaume avaient des loutres assez familieres pour les envoyer au vivier chercher le poisson et l'apporter. Il est cependant assez rare aujourd'hui de mettre à profit l'industrie de cet animal peu docile et difficile, suivant l'expérience commune, à élever à la vie domestique. Leur logement est malpropre et infecté de l'odeur des poissons qu'elles y laissent pourrir. On chasse à la loutre avec les chiens. Ils l'attrapent facilement; mais elle se defend courageusement, elle leur brise quelquefois avec les dents les os des jambes sans lâcher prise, si on ne la tue. Sa peau d'hiver, plus estimée que celle d'été, se vend comme une bonne fourrure.

L'OURS.

On distingue plusieurs espèces de ces animaux : ils diffèrent par la couleur et par les mœurs. L'*ours brun* est féroce et carnassier. L'*ours noir* n'est que farouche. Il refuse constamment de manger de la chair. Il est friand de fruits, de lait, de miel. Lorsqu'il en a découvert, il se ferait plutôt tuer que de lâcher prise. Il habite les forêts des pays septentrionaux de l'Amérique et de l'Europe. Pris jeune, il est susceptible de recevoir une certaine éducation, gesticule, danse, semble écouter le son des instruments, suivre grossièrement la mesure. Quoiqu'il paraisse obéissant, il faut s'en méfier, le conduire avec circonspection. Il est colérique. Ses doigts sont gros, courts et serrés. Il peut frapper à poings fermés comme l'homme. L'ours est non-seulement sauvage, mais solitaire; il fuit par instinct toute société, ne se plaît que dans les retraites les plus profondes, les cavernes inaccessibles et les lieux abandonnés à la vieille nature. Sa voix est un grognement mêlé de frémissement, lorsqu'il est en colère. Pendant l'hiver, l'ours se retire seul dans sa tanière, il reste tranquille sans prendre de nourriture. Il n'est pas cependant dans un état d'engourdissement comme la marmotte; mais la graisse, dont toutes les parties de son corps sont pour lors couvertes, est pompée par les vaisseaux, et lui sert d'aliments pendant cette saison d'abstinence. Il lèche aussi l'extrémité de ses pattes, qui sont composées de glandes ou mamelons remplis d'un suc blanc et laiteux.

Les *ours sauvages* sont hardis, ne fuient point à l'aspect de l'homme, ne se détournent point de leur chemin. Si on les tire, au lieu de fuir, ils reviennent sur le coup de fusil, fondent sur le chasseur, tâchent de l'étouffer entre leurs bras, et, dans leur fureur, lui ouvrent la nuque avec leurs pattes et lui arrachent la peau de la tête et du visage. Si on leur jette une pierre, un chapeau, ils courent après ; c'est quelquefois le moyen d'échapper à leurs poursuites. On ne trouve point de salut, même sur les arbres. Ils y grimpent avec la plus grande légèreté. Lorsqu'il se sent blessé à mort, s'il y a quelque profond amas d'eau dans le voisinage, il court à cet endroit, prend une grosse pierre dans ses pattes, et frustre, en se noyant, l'espérance du chasseur.

La chasse de l'ours est fort lucrative, lorsqu'on la fait avec succès. La chair de l'ours est assez bonne ; mais celle des oursons est très-délicate. Dans l'automne, ils sont recouverts de graisse jusqu'à dix doigts d'épaisseur ; on la fait fondre. Elle fournit une huile excellente à manger. La peau est, de toutes les fourrures grossières, celle qui a le plus de prix.

LE BLAIREAU.

Le blaireau est farouche et ne s'apprivoise que dans l'extrême jeunesse ; alors il suit comme le chien, auquel il ressemble par le museau. Il a sous la queue une espèce de poche dont il suinte une liqueur onctueuse et fétide qu'il aime à sucer. Il passe sa vie solitaire dans des souterrains pratiqués au milieu des forêts les plus sombres. Son gîte ténébreux est toujours propre. Il n'y fait jamais ses ordures.

L'on dit que le renard, qui connaît son goût pour la propreté, et qui n'a pas la même facilité que lui à creuser la terre, tâche de lui faire abandonner son domicile en l'infectant de ses ordures.

LE FURET.

Le furet est originaire des pays chauds ; il est délié, souple et grand chasseur de lapins. Son œil est vif, son naturel colère, et cependant facile à apprivoiser et docile ; il sent mauvais, surtout lorsqu'on l'irrite. On élève, en France, les petits dans des cages ou tonneaux garnis d'étoupes ; du pain, du lait et du son, voilà leur nourriture. L'homme, toujours industrieux pour faire tourner à son profit l'instinct et l'industrie des animaux, tire avantage du naturel carnassier du furet. On le mène à la chasse ; on le lâche dans les trous des lapins, après l'avoir muselé, afin qu'il ne tue pas les lapins dans le fond du terrier, et qu'il oblige seulement ceux qu'il a harcelés à en sortir et à se jeter dans le filet dont on couvre l'entrée. Si le furet n'était pas muselé, il sucerait le sang du lapin jusqu'à le faire mourir ; puis il s'endormirait dans le terrier, en sorte que le furet et le lapin seraient perdus pour le chasseur, surtout lorsque le terrier a plusieurs issues ; et alors la fouille et la fumée que l'on fait dans le terrier ne sont pas toujours un sûr moyen de ramener le furet, parce qu'il peut sortir sans qu'on le voie. Cette antipathie contre les lapins est tellement naturelle aux furets, que cet animal, dans sa plus grande jeunesse, s'éveille à la présence d'un lapin vivant ou mort et se jette dessus avec fureur.

LE GLOUTON.

Le glouton habite les forêts du Nord de l'Europe et de l'Asie. L'instinct qu'on lui donne, s'il est vrai, est bien singulier : il monte sur un arbre, laisse tomber de la mousse, dont les daims sont friands. A l'instant où l'animal vient pour la manger, il fond sur lui, lui crève les yeux, l'étrangle, le met en pièces, en dévore une partie, creuse la terre, enfouit le reste pour le trouver au besoin.

LA BELETTE.

Ce petit animal vif et agile est le fléau des basses-cours et du gibier; il mange les œufs, est friand de cervelle, prend les jeunes poulets, les cailles par la tête, les tue d'un coup de dent et les emporte l'un après l'autre dans son trou. Il fait aussi la guerre aux gros rats, aux taupes et aux oiseaux, dont il suce le sang. La femelle met bas au printemps quatre ou cinq petits. L'odeur de cet animal est forte et désagréable.

On ne peut parvenir à l'apprivoiser. Pour le conserver, on est obligé de mettre dans sa cage un paquet d'étoupes où il puisse se cacher. Il y a des belettes qui blanchissent pendant l'hiver. Le bout de la queue, jaune dans les belettes, noire dans les hermines, sert à distinguer ces deux espèces.

LE RAT D'EAU.

Le rat d'eau est beaucoup plus gros que celui dont nous venons de parler. Cet animal fait son habitation dans des trous sur les rivages peu fréquentés, au bord des étangs et des ruisseaux; vit, comme la loutre, du poisson qu'il dérobe; nage aisément et longtemps entre deux eaux. Ablettes, goujons, grenouilles, insectes aquatiques, frai de barbeau, de brochet, racines, herbes, tout est pour lui de bonne prise. Il vient manger à terre ou à son trou. Il mord assez fort lorsqu'on veut le prendre, se jette à l'eau pour se sauver.

LA MARTE.

La marte, originaire du Nord, est naturelle à ce climat, et s'y trouve en si grand nombre, que l'on est étonné de la quantité de fourrures de cette espèce que l'on y consomme et que l'on en tire. Cet animal ressemble beaucoup à la fouine : il vit dans les bois, grimpe sur les arbres, attrape avec finesse les oiseaux, dévore leurs œufs, fait la guerre aux mulots, écureuils et autres petits animaux. On fait avec la peau du dos et avec les queues des martes de belles fourrures.

De quelques petits Quadrupèdes de nos climats.

LA TAUPE.

La taupe est un petit quadrupède long d'environ cinq pouces, dont la peau, couverte de poils courts et épais, chatouille comme du velours ; sa queue est fort courte, ainsi que ses pattes ; son museau est effilé et propre à forer la terre. Ce petit habitant de la campagne, et surtout des terres fraîches et cultivées, n'est point sans yeux, comme on prétend. Il en a de très-petits, difficiles à reconnaître sous le poil qui les cache. La taupe, d'un naturel timide, ne s'expose pas au grand jour ; vit d'insectes et de vers qu'elle trouve dans la terre, et de racines potagères ; jouit paisiblement des douceurs de la solitude, à l'abri des animaux carnassiers, dans sa retraite close de toutes parts et sans issues. Elle ne craint que les inondations ; l'eau la chasse de son petit domaine. La femelle donne quatre ou cinq petits dans le printemps. Peut-être porte-t-elle plus d'une fois par an. Cette prodigieuse multiplication deviendrait fatale aux cultivateurs, si le débordement des rivières, les pluies abondantes et les grosses eaux n'en faisaient périr tous les ans une grande quantité. On les voit quelquefois se sauver à la nage et chercher à gagner les éminences. Au surplus, la femelle ne néglige rien pour l'éducation de ses petits. Le domicile qu'elle leur prépare est fait avec soin. A la surface de la terre s'élève une espèce de dôme. Sous cette voûte solide, et que l'eau ne peut pénétrer, soutenue d'ailleurs par des cloisons ou piliers de distance en distance, s'élève un tertre au-dessus du niveau du terrain, pour éviter l'inondation. C'est là que, sur un lit d'herbes et de feuilles, repose la petite famille. A ce tertre communiquent plusieurs sentiers souterrains, fermes et battus, qui partent comme d'un centre commun. Ils servent tout à la fois de magasin de vivres et d'issues pour échapper au danger. Dans les jardins, au lieu d'une voûte, c'est un boyau long. On conçoit qu'il faut à ce petit animal autant de force que d'adresse et de prévoyance pour construire son logement. Il n'est point endormi l'hiver; et, pour se servir des expressions des gens de la campagne, il pousse la terre, lorsque le dégel n'est pas loin. Dans cette saison, l'on en prend souvent auprès des couches de fumiers, parce qu'il cherche la chaleur. Pour s'emparer d'un nid de taupes, aisé à reconnaître par la proéminence de la terre, il n'y a d'autres moyens que de faire une tranchée autour de la taupière ; mais cette tranchée doit être faite en un instant, et à plusieurs bras ; car la taupe, dont l'ouïe est très-subtile, avertie par le bruit et le mouvement, ne manque pas de fuir et de sauver ses petits.

LE PORC-ÉPIC.

Le porc-épic est une espèce qui approche beaucoup du hérisson ; aussi l'appelle-t-on *hérisson d'Afrique ;* c'est dans cette contrée qu'on le trouve ; depuis, il a été transporté en Europe ; on en trouve communément en Italie, aux environs de Rome. Dans l'état de domesticité, il n'est ni féroce, ni farouche, mais si jaloux de sa liberté, qu'il coupe et perce avec ses dents la cage qui le tient enfermé.

Cet animal a les yeux petits, ses oreilles ressemblent à celles de l'homme ; il n'a point de queue ; sa lèvre supérieure est fendue comme celle du lièvre ; son dos et ses côtes sont couverts de piquants noirs et blancs, de différentes longueurs et grosseurs ; sur sa tête sont des poils rudes comme ceux du sanglier, et qui forment panache quand ils sont hérissés. Il n'aime pas qu'on lui touche le corps ; si cela arrive, on le voit entrer en fureur, faire frémir ses aiguillons, frapper la terre de ses pieds et chercher à atteindre ceux qui sont près de lui.

Le porc-épic vit douze ou quinze ans; la femelle met ordinairement bas, au printemps, deux petits; elle les allaite pendant un mois, et petit à petit les sèvre en leur faisant manger de l'écorce d'arbre, des fruits et des herbes. Si quelques-uns trouvent le moyen d'entrer dans un jardin, ils y font de grands dommages, surtout aux légumes, sur lesquels ils se jettent avec avidité.

Jusqu'à présent on a cru que cet animal se terrait dans l'hiver et qu'il s'engourdissait pendant six mois comme le hérisson, mais ce fait paraît démenti; il est même constaté que c'est une véritable erreur, puisque des porcs-épics, réduits en captivité, mangent dans toutes les saisons, et ne paraissent pas plus endormis dans l'une que dans l'autre.

On n'est pas d'accord sur l'origine de son nom; les uns le font dériver du mot *porte-épine*, à cause qu'il paraît couvert d'épines; d'autres, parce qu'il a à peu près le museau d'un porc, avec lequel il fouille la terre, et des poils ou soies comme lui; mais l'opinion la plus probable, c'est que sa chair et sa graisse sont à peu près semblables à celles du porc; du moins elles en tiennent lieu dans certains pays.

LA MARMOTTE.

La marmotte habite les Alpes, les Pyrénées. Le lieu de sa retraite est de préférence l'exposition du levant et du midi. Cet animal se nourrit d'insectes, de fruits, de légumes ; n'a point d'appétit véhément, vit en petite société, sommeille presque toujours. Son domicile est construit avec un art singulier sur le penchant d'une colline. Il creuse un trou en forme d'Y. Une des branches plus élevée sert d'entrée. Le fond en cul-de-sac est sa retraite. L'autre branche, disposée en pente, plus basse que la première, sert à faire écouler dehors les excréments et les urines. Mollesse, propreté règnent dans son habitation. Il repose sur des couchettes d'herbes fines et de mousses. Plusieurs se réunissent ensemble pour construire le domicile. L'un creuse, d'autres vont chercher la mousse. On a prétendu que chacun d'eux servait de voiture à son tour. Il se met, dit-on, sur le dos; on le charge de mousse, de foin; ses jambes servent de ridelle. On traîne ainsi la provision. C'est, dit-on, la raison pour laquelle leur dos est toujours pelé. Comme ces animaux habitent continuellement sous terre, cette raison seule suffit pour expliquer le fait. Le domicile, une fois préparé, est pour tous les descendants de chaque famille, à moins que quelque chasseur ou quelque bouleversement souterrain ne le détruise. Chaque femelle met bas cinq ou six petits. On ne sort que lorsque le temps est chaud, beau, serein. On va jouer, se divertir, brouter l'herbe avec sécurité. Une sentinelle, placée sur le sommet d'un rocher, avertit la troupe du moindre danger. Aperçoit-elle un aigle, un chien, un homme, elle donne un coup de sifflet. Toute la gent marmottine se retire dans sa tanière. La sentinelle ne rentre que la dernière. A l'approche de l'hiver, les marmottes bouchent les deux ouvertures de leur domicile avec de la terre si exactement, qu'on n'en peut distinguer la place.

Ces petits animaux se roulent les uns à côté des autres, à trois ou quatre pouces de distance. Leur sang n'a que le degré de chaleur de la température de l'air. Dès que le froid commence, il circule avec plus de lenteur, et cette lenteur suit la progression du froid. Pendant l'hiver ils restent engourdis dans un état de léthargie sans prendre de nourriture. Comme ils ne perdent alors presque rien par la transpiration, ils n'ont pas besoin de réparer.

C'est pendant l'hiver qu'on les saisit dans leur retraite. En été ils creuseraient sous terre à mesure qu'on avancerait. Ces animaux deviennent familiers. Ils s'asseoient sur le derrière, se servent de leurs pattes de devant comme de mains pour manger. Les Savoyards indigents dressent cet animal à plusieurs petits exercices, et le promenent dans toute l'Europe. L'adresse avec laquelle il grimpe entre deux rochers leur a, dit-on, servi de leçon pour grimper dans les cheminées.

LE LOIR.

Ce petit quadrupède est à peu près de la taille de l'écureuil; il a, comme lui, la queue couverte de longs poils. Il ressemble encore assez à l'écureuil par ses habitudes naturelles; il habite, comme lui, les forêts, grimpe sur les arbres, saute de branche en branche; il fait sa nourriture ordinaire de faînes, de noisettes, de châtaignes et autres fruits sauvages; il mange aussi de petits oiseaux qu'il prend dans le nid; il se loge dans le tronc d'un arbre creux, ou il se fait un lit de mousse. Il ne s'apprivoise point; il demeure toujours sauvage.

Quoique la chair du loir n'ait rien d'exquis, les anciens Romains la mangeaient avec délices. Varron donne la manière de faire des garennes de loirs. Ce goût n'a pas été suivi. Au rapport de Pline, les censeurs défendirent à Rome qu'on en servît sur les tables, parce que leur chair est de difficile digestion. Cependant encore aujourd'hui, en Italie, on les prend pour les manger.

Ces petits animaux sont courageux et défendent leur vie jusqu'à la dernière extrémité; ils ne craignent ni la belette, ni les petits oiseaux de proie; ils échappent au renard, qui ne peut les suivre à la sommité des arbres. Leurs grands ennemis sont les chats sauvages et les martres.

Le loir reste engourdi l'hiver; c'est en automne qu'ils se rassemblent plusieurs dans un même trou, d'où ils ne sortent qu'au printemps.

Des gros Quadrupèdes.

LA LIONNE.

La lionne est d'environ un quart plus petite que le lion, et, quelque vieille qu'elle soit, elle n'a point ces poils longs qui accompagnent si bien la figure du lion; elle differe encore de lui en ce qu'elle a le mufle plus allongé, la tète plus plate par le dessus et les ongles moins grands. Enfin, elle est moins courageuse et plus tranquille.

On avait cru que la lionne portait six mois, et ne mettait bas qu'au bout de ce temps; mais il est d'expérience que le temps de la génération n'est reellement que de trois mois et dix jours; au bout de ce temps elle met bas de trois à six lionceaux, qui, en venant au monde, sont extrêmement petits.

La lionne choisit pour mettre bas les endroits les plus solitaires et de l'accès le plus difficile; elle cache même jusqu'aux traces de ses pas : à cet effet, elle tourne plusieurs fois sur le même chemin, ou bien efface avec sa queue les empreintes que ses pattes ont pu faire sur la poussière. La tendresse maternelle chez la lionne devient une fureur lorsqu'elle craint pour ses petits; il n'y a plus ni obstacle, ni danger pour elle; elle se jette indifferemment sur les hommes et sur les animaux, dont elle redoute l'approche pour ses lionceaux; elle dechire, met à mort et porte à ses petits tout le butin qu'elle fait, leur supposant toujours des besoins; leur fait leur part et leur apprend de bonne heure à sucer le sang et à dechirer la chair. D'après un caractère aussi prononcé, on ne se risque jamais à lui ravir ses petits à force ouverte; mais on emploie la ruse : on profite du temps qu'elle est à la chasse pour ses lionceaux. Si elle surprend le ravisseur, elle se met à sa poursuite. Lorsque celui-ci s'aperçoit qu'il peut être attaqué, il lâche un des petits et, pendant que la lionne le reporte à son repaire, il a le temps de s'echapper avec les autres.

Voici un trait d'histoire qui est particulier à cet animal, et qui prouve qu'il se dépouille quelquefois de sa ferocité, pour prendre des sentiments affectueux, et même de reconnaissance.

Une lionne superbe était tenue enchaînée

dans le Fort-Louis, jusqu'à ce qu'on pût l'embarquer pour l'envoyer à Versailles. Elle fut atteinte d'un mal extraordinaire à la mâchoire. Les Français, qui tenaient alors ce fort, jugeant que ce mal était incurable, et la lionne dépérissant de jour en jour, la dechaînèrent et la jetèrent expirante dans un champ voisin. Un de nos compatriotes, revenant de la chasse, la trouva étendue, haletante et la gueule ouverte déjà remplie de fourmis. Il prit pitié d'elle : s'en étant approché, il crut devoir tenter sa guérison ; à cet effet, il lui lava le gosier avec de l'eau et lui fit avaler un peu de lait. Un remède si simple eut des effets merveilleux : la lionne fut rapportée au fort ; on en prit tant de soins, qu'elle se rétablit par degrés. Mais, n'oubliant pas celui à qui elle était redevable de la vie, elle conçut tant d'affection pour lui, qu'elle ne voulait rien prendre que de sa main et le suivait dans l'île comme le chien le plus familier.

LE LÉOPARD.

Le léopard est un animal commun au Sénégal et en Guinée ; il a l'air féroce, l'œil inquiet, le regard cruel, les mouvements brusques. Avide du sang et de la chair des animaux, il fuit la présence de l'homme, grimpe avec beaucoup d'adresse et d'agilité sur les arbres, où il poursuit les chats sauvages qui tâchent de lui échapper ; guette au passage les animaux, se laisse tomber dessus, les dechire cruellement et les dévore.

Les nègres regardent le léopard comme le roi des forêts. Lorsqu'ils en ont pris un, il est d'usage de le présenter au roi des nègres ; mais comme dans leur coutume il serait honteux qu'un autre roi fût introduit dans le village royal sans résistance, les habitants vont au devant de ceux qui conduisent le léopard. On en vient aux mains : le combat cesse à l'arrivée d'un député du roi nègre. Le roi léopard et les athlètes arrivent en triomphe jusqu'au marché. Là, en présence de tout le peuple assemblé, on dépouille de sa fourrure le roi des animaux, et on lui arrache les dents : c'est le lot du roi des nègres. Le reste est abandonné au peuple, qui fait cuire sa chair, se régale bien et fait grande fête. Comme, suivant eux, nul animal ne mange son semblable, leur roi n'en mange point ; et de crainte de s'asseoir ou de marcher sur la fourrure, il la fait vendre aussitôt et donne les dents à ses femmes, qui les portent sur leurs habits, ou en colliers, mêlées avec du corail. La peau du léopard est plus précieuse que celle de l'once ou de la panthère. Une seule coûte jusqu'à deux cent cinquante francs.

L'ONCE.

Cet animal, qui est du genre de la panthère, est plus petit, n'ayant le corps que d'environ trois pieds et demi de longueur. Il a le poil plus grand que la panthère, la queue de trois pieds de longueur, et quelquefois davantage. Le fond du poil est d'un gris blanchâtre sur le dos et sur les côtes du corps, et d'un gris encore plus blanc sous le ventre. Les taches sont à peu près de la même force et de la même grandeur que celles de la panthère.

L'once s'apprivoise aisément : on la dresse à la chasse; elle est assez douce pour se laisser manier et caresser à la main. Il y en a de si petites, qu'un cavalier peut les porter en croupe. Aussitôt que le chasseur aperçoit une gazelle, il fait descendre l'once, qui est si légère, qu'en trois bonds elle saute au cou de la gazelle, quoiqu'elle coure fort vite. Si la gazelle lui échappe, elle demeure sur la place honteuse et confuse.

L'once se trouve très-communément en Barbarie, en Arabie et dans toutes les parties méridionales de l'Asie. Elle grimpe sur les arbres pour attendre les animaux au passage, et se laisse tomber dessus. Cette manière d'attraper la proie est particulière aussi à la panthère et au léopard.

On fait de sa peau des fourrures; on l'appelle dans le commerce *peau de tigre d'Afrique.*

LE LYNX OU LOUP-CERVIER.

Le lynx est vif, adroit, léger, plein de feu et pétillant; il a le hurlement du loup, la finesse et la propreté du chat, le naturel carnassier de l'once et la peau bigarree du jeune cerf, auquel il fait la guerre; d'ou lui est venu le nom de *loup-cervier*. Il grimpe aux arbres, mange les oiseaux, fait main-basse sur leurs nids, poursuit les écureuils jusqu'à la cime et attaque les chats sauvages, les martres, les hermines; guette au passage les daims, les cerfs, les chevreuils, les lievres; s'elance, les saisit à la gorge, suce le sang, ouvre la tete, mange la cervelle, abandonne le reste et court à une nouvelle proie. Les lynx sont plus communs dans les pays froids que dans les climats temperes.

Il ne faut pas croire au merveilleux que les anciens ont debité sur la vue perçante du lynx.

LE RHINOCÉROS.

Le rhinocéros est après l'éléphant le plus gros des quadrupèdes; il est à peu près de la même longueur; mais il est moins gros et a les jambes beaucoup plus courtes; ses pieds ont trois fourchons, dont celui du milieu est d'une corne très-dure, et les deux autres des espèces de griffes. Sa peau est semblable à celle de l'éléphant; elle est couverte partout, excepté à la tête et sous le ventre, de petites éminences calleuses et dures; elle est ridée et plissée à très-gros plis, retombant au cou, aux épaules, aux reins et à la croupe; sans ces plis, cet animal ne pourrait faire aucun mouvement, à raison de la ferme consistance de cette peau, que l'on dit être impénétrable aux traits, à la lance, aux lames d'acier le plus dur, et même aux balles; cependant, malgré cette dureté, il n'est pas moins sensible, puisqu'il frissonne aux coups d'une simple baguette.

Ses yeux sont fort petits, à peu près comme ceux du cochon, dont il a aussi le grognement, mais plus fort; sa tête est oblongue comme celle du sanglier, excepté le museau, qui est rond; ses oreilles sont longues, sa bouche est peu fendue, sa levre supérieure s'allonge à volonté et lui sert pour ainsi dire de trompe, pour saisir avec force et en même temps avec adresse. Il porte sur le nez une corne tres-dure, solide dans toute sa longueur et placée plus avantageusement que les cornes des autres animaux qui en portent; avec cette corne il déracine les arbres, enlève les pierres qui s'opposent à son passage et les jette derrière lui, fort haut, à une grande distance; enfin, il abat tous les corps sur lesquels sa corne peut avoir prise. Lorsqu'il est en colère, s'il ne rencontre rien, il sillonne la terre. Il n'attaque jamais l'homme, à moins qu'on ne le provoque ou que l'homme n'ait un habit rouge; alors il se jette dessus avec impétuosité et l'éventre. Il ne peut l'éviter qu'en se mettant subitement de côté; alors il vous perd de vue, ne pouvant se tourner que difficilement.

On trouve des rhinocéros partout où il y a des éléphants, principalement en Afrique et en Asie. Ceux d'Afrique ont une seconde corne placée dans la même direction, c'est-à-dire toujours sur le nez, mais un peu moins grande que la première. Ils ont en outre la langue très-rude.

Le rhinocéros bicorne se nourrit d'herbes grossières, de chardons, d'arbrisseaux épineux, et il préfère ces aliments agrestes à l'herbe tendre; il aime beaucoup les cannes à sucre et mange aussi toutes sortes de graines. Le rhinocéros unicorne aime les marais, les gras pâturages, et mange l'herbe comme le bœuf.

On en a montré un à Paris en 1748, qui venait d'Asie; il était doux et caressant; on l'avait amené par terre dans une voiture tirée par vingt chameaux. Il mangeait du foin, de la paille, des légumes, du pain, des fruits; recevait avec plaisir la fumée du tabac qu'on lui soufflait dans le nez; il buvait par jour sept voies d'eau, aimait les liqueurs fermentées. On graissait de temps en temps sa peau avec de l'huile, pour l'empêcher de se durcir et de se fendre. Il léchait un de ses gardiens sans lui faire aucun mal.

La manière de prendre cet animal sauvage est à peu près la même que celle de l'eléphant; mais il s'apprivoise bien plus difficilement; rarement on en a vu de familiers, par la raison peut-être qu'on préfère l'avantage que procure l'éléphant instruit, qui a bien plus de douceur dans le caractère.

Il en a existé un à la ménagerie de Versailles, qui y est arrivé en 1770; il y est mort fort malheureusement quelques annees avant la Révolution, s'étant noyé dans un bassin.

La corne du rhinocéros etait d'un grand prix chez les Romains; ils en faisaient toutes sortes d'ouvrages parfaitement sculptes. Le plus communement c'etaient des vases qui avaient, dit-on, la propriete de se fendre en deux lorsqu'on avait mis le moindre poison dans la liqueur que l'on presentait à boire.

Les Maures, les Indiens mangent, comme un mets de tres-bon gout, la chair des jeunes rhinoceros. Ils emploient la peau à faire des cottes d'armes et des cuirasses, qui sont à l'épreuve des sabres et même des armes à feu.

LE CHAMEAU ET LE DROMADAIRE.

Le chameau et le dromadaire sont deux animaux de la même espèce, qui ne different que par la bosse qui est sur leur dos : le chameau en a deux, et le dromadaire n'en a qu'une. Ce dernier est un peu plus petit et moins fort que le chameau.

Le dromadaire paraît beaucoup plus répandu et se trouve en grande quantite dans toute la partie septentrionale de l'Afrique qui s'etend depuis la Méditerranée jusqu'au fleuve Niger, et se retrouve en Egypte, en Perse, dans la Tartarie meridionale et dans les parties septentrionales de l'Inde. Le chameau n'est guere que dans le Turquestan. Ces animaux ont le même naturel ; ils sont doux et courageux. La gaité leur fait supporter les plus rudes fatigues. Dans les caravanes, au milieu des sables, il ne faut que chanter, siffler, pour les encourager. Les traitements durs les rebutent. Ils ont de la mémoire.

Ces animaux varient pour la grandeur, pour la force, suivant le climat sous lequel ils sont nés. Les uns sont grands, forts, et portent des poids si considérables, qu'on les a nommes *navires de terre*. C'est dans des paniers suspendus à leurs bosses que l'on s'assied. Les autres, plus maigres, moins grands, sont d'excellents coureurs. Ils font jusqu'à vingt-cinq et trente lieues par jour. Une heure de repos, une pelote de pâte leur suffit chaque jour. Ils sont singulièrement appropries aux climats arides et brûlants sous lesquels ils vivent ; ils peuvent rester neuf ou dix jours sans boire, même en supportant les plus rudes fatigues. Si par hasard aussi il se rencontre une mare à quelque distance de leur route, ils sentent l'eau de plus d'une demilieue et boivent en une seule fois pour tout le temps passé et pour autant de temps à venir. Cette facilité qu'ont les chameaux de s'abstenir de boire provient de ce que, outre les quatre estomacs qui leur sont communs avec les animaux ruminants, ils ont une cinquième poche qui leur sert de réservoir pour l'eau qu'ils boivent en grande quantite. Lorsqu'ils ont soif et qu'ils veulent broyer leurs aliments, ils font revenir dans leur bouche une certaine quantité d'eau.

Ces animaux sont si grands, qu'on ne pourrait pas les charger aisement. On les dresse à s'accroupir. Lorsque le chameau se sent chargé au-delà de ses forces, il se rebute, cherche à se relever, donne des coups de tête; si on le surcharge malgré lui, il jette alors des cris lamentables, propres à attendrir un maître injuste. La durée de sa vie est à peu près de cinquante ans.

LE LAMA.

Le lama est une bête de somme de l'Amérique, qui se trouve en quantité au Pérou, son pays natal; il y est aussi nécessaire que le chameau en Arabie; il peut porter deux cent cinquante livres pesant, marche dans les chemins impraticables et y fait cinq à six lieues par jour. Lorsqu'il a besoin de repos, il plie doucement les genoux et s'accroupit de manière à ne point déranger sa charge. Il se relève au coup de sifflet de son conducteur. Si on l'excède de fatigues, il se couche; si on le tourmente trop dans cet état, il frappe sa tête contre la terre et se tue de désespoir. Quand il est irrité, il crache au visage de son maître une espèce de salive que la colère aigrit et rend caustique. Il vit environ quinze ans. Sa conformation a quelque chose de celle du chameau; mais il n'est point bossu comme lui, et, dans sa grandeur, qui n'est que de quatre ou cinq pieds, il a plus de noblesse et de beauté. Sa toison est comme un mélange de celle du mouton et du poil du chameau. Sa peau, qui est très-dure, sert de chaussure aux Indiens. Cet animal ne se plaît que sur les montagnes les plus hautes, telles que les Cordilières. On les rencontre rassemblés en troupes de deux ou trois cents; à la vue du voyageur ils soufflent des narines, hennissent, se sauvent sur les montagnes et grimpent les rochers les plus escarpés.

LE ZÈBRE.

Le zèbre est un fort bel animal, qui certainement serait au nombre des domestiques chéris de l'homme, s'il voulait avoir la complaisance de s'apprivoiser plus facilement; mais c'est en quoi il ne veut pas entendre raison. On le trouve en Afrique. Il tient le milieu entre le cheval et l'âne; mais, quoique d'un air beaucoup plus noble, il ressemble davantage au dernier par la forme; la peau seule met une grande difference entr'eux. Le zebre l'a symetriquement cerclée de noir et de jaune dans le mâle, et de noir et de blanc dans la femelle. Il joint à l'elegance de la taille et à la beauté de sa robe une legereté que nous n'avons pas encore su nous rendre utile.

LA GAZELLE.

La gazelle a les pieds fourchus, la taille fine et bien prise, et est des plus légères à la course. Elle se trouve communement en Afrique et aux Indes orientales.

Les gazelles ruminent; la femelle, ainsi que le mâle, a des cornes. Elles ont les jambes de devant moins longues que celles de derriere; ce qui leur donne, comme au lievre, plus de facilite pour courir en montant qu'en descendant.

L'espece de gazelle qui donne le *musc* a des caractères qui lui sont particuliers. Elle a le poil rude et long, le museau pointu et des défenses à peu près comme le cochon; mais ce qui la distingue surtout, c'est cette bourse qui contient la substance appelée *musc*, bourse qui s'élève au-dessus du ventre d'environ un pouce.

Les mâles et les femelles donnent également ce parfum; mais celui des mâles est préférable.

Voici la manière cruelle dont on obtient le musc. On frappe la gazelle à coups de bâton, jusqu'à ce qu'il se forme sur son corps des bosses et des contusions où le sang se ramasse. On lie ensuite la peau dans les endroits où le sang extravasé l'a fait élever, et on serre tellement le nœud, que le sang qui est renfermé dans ces espèces de poches n'en peut plus sortir; on laisse ensuite sécher ces poches sur l'animal, jusqu'à ce qu'elles tombent d'elles-mêmes. C'est là qu'on trouve ce sang parfumé, qui s'est converti en musc au bout d'un mois.

LE CHAMOIS OU CHÈVRE DES ALPES.

Ces animaux sauvages se plaisent dans les lieux les plus escarpés, au milieu des précipices. On en voit sur les Alpes, les Pyrénées. Timides, alertes, méfiants, ils vivent en troupes, redoutent la grande ardeur du soleil, ne vont paître l'herbe, chercher des racines, que le matin et le soir. Pendant que la troupe mange tranquillement, il y en a toujours un qui fait le guet. Au moindre danger il les avertit par un sifflement, et la troupe fuit de rochers en rochers. Ils vont par bonds, par sauts. Leurs jambes vigoureuses font l'effet d'autant de ressorts qui ralentissent les secousses terribles qu'ils éprouvent en se précipitant. A les voir sauter ainsi au milieu des precipices, on dirait qu'ils ont des ailes. La chasse en est très-dangereuse. Les chiens ont bien de la peine à les joindre. Le chasseur est exposé à tout moment au bord des précipices. L'animal, surpris dans un détroit, cherche à se sauver, s'élance sur le chasseur, le renverse au milieu des rochers. On n'a d'autre ressource que de se coucher ventre à terre. Le sel, dont ces animaux sont très-friands, sert d'appât pour les attirer dans les piéges. On fait, avec les cornes des chamois, des pommes de canne. Leur peau s'emploie pour faire des gants, des bas, des culottes.

LE MUSC.

Le musc, cette odeur si forte et si pénétrante, nous vient d'un animal qui le porte; cet animal a beaucoup de ressemblance avec le chevreuil, la gazelle et le chevrotin; on le trouve au Thibet et vers le Tonquin, royaumes voisins de la Chine et de la Tartarie; il se plaît sur les montagnes escarpées, parmi les bois et les rochers; jamais il n'habite les plaines et les campagnes découvertes; timide, il va plus de nuit que de jour. Sa vue est faible. Les racines, les feuilles d'arbres, la mousse lui servent de nourriture. Sur la fin de l'automne, temps où il cherche une compagne, il paraît inquiet, il va, vient sans cessé et se prend souvent aux piéges qu'on lui tend. Les mâles se battent à toute outrance, jusqu'à se déchirer, se percer les flancs avec les défenses dont ils sont armés et qui sortent de la mâchoire supérieure. La couleur de son poil est d'un brun noir, où il y a quelques teintes de fauve blanchâtre, qui semble changer lorsqu'on regarde l'animal sous différents points de vue. Il paraît n'avoir point de queue. Rien n'est plus léger que cet animal : il gravit et descend avec une égale facilité les rochers escarpés, franchit des précipices affreux, fait des bonds étonnants, se détourne à propos, sait éviter, en courant, l'obstacle des branchages dans les bois, traverse à la nage les torrents les plus larges, et, par l'écart qu'il donne à ses sabots et à ses ergots durs et pointus, il court sur la neige sans y enfoncer.

C'est de cet animal qu'on retire le musc; l'odeur en est trop sensible pour que ce parfum n'ait pas été remarqué en même temps que l'animal qui le porte. C'est dans une petite poche d'un pouce de diamètre que se trouve renfermé ce parfum. Le musc que fournissent les mâles est plus estimé et recherché que celui des femelles, parce qu'il est plus odorant. C'est sur la fin de l'automne qu'il se trouve meilleur. On dit que le musc frais, à l'instant qu'on le tire de l'animal, a une odeur si exaltée, qu'il faut prendre la précaution de se fermer la bouche et le nez avec des linges ; autrement elle causerait un saignement de nez violent et même pernicieux. Le chasseur, aussitôt après avoir tué l'animal, coupe la poche en question, la noue en forme de vessie et fait dessécher la liqueur qui est dedans ; cette liqueur paraît comme un sang corrompu ; l'enveloppe est la peau même de l'animal, couverte de son poil.

Le meilleur musc est celui que les Indiens ramassent sur les rochers et les pierres, contre lesquels cet animal se frotte, lorsque cette matiere trop âcre lui cause des picotements et des démangeaisons. On tue ces animaux, on leur coupe cette poche ; lorsqu'elle n'est pas pleine, le chasseur y met quelquefois du sang de l'animal ou d'autres substances, pour en augmenter le poids.

Le musc est propre à ranimer les forces abattues ; cette odeur vive, pénétrante et tenace, demande à être tempérée par le mélange de quelque autre odeur moins forte. Beaucoup de personnes ne peuvent la supporter qu'extrêmement mitigée.

Les habitants du pays se font, pour l'hiver, des pelisses et des bonnets avec la peau ; et, dépouillée de son poil, elle offre un tissu souple et satiné, qu'on emploie à faire des vêtements legers.

LE CACHICAME OU TATOU A NEUF BANDES.

Le cachicame n'est distingué des autres animaux de son espèce que par les neuf bandes qui forment sa cuirasse.

Tous les tatous sont originaires de l'Amérique et naturels au Mexique, au Bresil, à la Guyane. Ce têt si singulier dont ils sont revêtus est un véritable os composé de petites pieces contigues, qui offrent, suivant les especes, des figures differentes, toujours arrangées regulièrement, comme de la mosaique tres-elegamment disposée. La pellicule ou le cuir mince dont le tet est revêtu à l'exterieur est une peau transparente qui fait l'effet d'un vernis sur tout le corps de l'animal. Au reste, ce têt osseux n'est qu'une enveloppe independante de la charpente des autres parties interieures du corps de l'animal, qui est construit et organisé comme les autres quadrupèdes.

Ce sont, d'ailleurs, des animaux innocents qui marchent avec assez de vivacité, mais qui ne peuvent courir ni grimper, et qui ne peuvent échapper qu'en entrant dans leurs terriers. On chasse le tatou avec de petits chiens qui l'attaquent bientôt ; il n'attend pas même qu'ils soient près de lui pour s'arrêter et se contracter en rond; mais, dans cet état, on le prend et on l'emporte. S'il se trouve au bord d'un précipice, il échappe aux chiens et aux chasseurs en se resserrant et en se laissant rouler comme une boule sans briser son écaille et sans ressentir aucun mal.

Les sauvages se servent de leur têt à plusieurs usages.

LA LICORNE.

Il y a plusieurs espèces de licornes dans les mers des Indes, de l'Afrique et de l'Amérique. Celles qu'on rencontre dans les Antilles ont la corne posée sur le front et sont plus voraces que celles des autres contrées. Munster et Tévet, qui ont décrit cet animal, disent qu'il est de la grandeur d'un cheval, qu'il a une corne blanche au milieu du front, que sa force consiste en cette corne et que, quand il est poursuivi par les chasseurs, il se précipite du haut des rochers et tombe sur sa corne, qui soutient tout l'effort de sa chute, en sorte qu'il ne se fait point de mal. D'autres auteurs rapportent différemment la figure de cet animal; c'est pourquoi les plus sensés tiennent que c'est un animal fabuleux.

Des Animaux amphibies et du Singe.

Après avoir fait connaître une partie des animaux à quatre pieds qui habitent le globe, nous allons parler de quelques-uns de ceux qui vivent également sur la terre et dans l'eau, et que, pour cette raison, on a nommés amphibies, c'est-à-dire qui ont deux manières de vivre. Nous terminerons ensuite l'histoire des quadrupèdes par celle du singe.

LE CASTOR.

Le castor est doux, paisible, mais jaloux de sa liberté; industrieux dans l'indépendance, triste et abruti dans la servitude. Il fuit le voisinage des lieux habités, cherche les endroits les plus solitaires pour y vivre en société avec ses semblables. Il trouve des douceurs dans cette vie républicaine. C'est alors qu'il déploie son adresse, son intelligence et toutes ses qualités sociales. Lorsqu'une troupe de castors commence à s'etablir, c'est toujours sur le bord d'une rivière qu'ils se réunissent, au nombre quelquefois de deux ou trois cents. L'endroit le moins profond est le lieu qu'ils choisissent pour fonder leur colonie; c'est l'emplacement destiné à la construction de leurs édifices. Obligés, par instinct, de vivre dans l'air et dans l'eau, ils sont tout à la fois les architectes et les ouvriers de leurs petits bâtiments. Ils en ordonnent, exécutent le plan. Le bien commun à la petite république est le premier objet de leurs travaux. Il s'agit de construire une digue :

un arbre voisin de la rive est marqué pour en faire la charpente. Tous se mettent à l'ouvrage. Les uns rongent le pied de l'arbre, de maniere qu'il puisse tomber dans la rivière et la traverser. Leurs quatre dents incisives sont leurs seuls instruments pour scier, couper, abattre. L'arbre tombé, on elague les branches pour le faire porter également dans l'eau dans toute sa longueur. D'autres, pendant ce travail, vont dans la forêt scier des pieux de la hauteur nécessaire, les amenent par eau entre leurs dents. Arrivés à la digue, ils les tiennent perpendiculairement dans la rivière, tandis que des castors au fond de l'eau sont occupés à creuser la terre avec leurs pattes de devant armées de griffes, pour que le pieu puisse entrer. On entrelace ensuite les pieux avec des branches. On remplit les intervalles avec de la terre glaise. La queue du castor sert de truelle pour gâcher ce mastic. Le génie de nos architectes a tout prévu dans la construction. La digue est soutenue contre l'effort de l'eau par un talus dont la base a douze pieds de largeur. A la superficie sont ménagées deux ouvertures; elles servent à l'écoulement et au niveau de l'eau. Cet ouvrage public une fois construit, les castors se réunissent par compagnies; les moins nombreuses sont de six ou huit, les plus grandes de vingt, toutes composées d'un nombre égal de mâles et de femelles. Chaque compagnie construit sa petite maisonnette. La grandeur est proportionnée au nombre. On les établit sur un pilotis plein. Toutes ont une forme ovale ou ronde. Le bois, la terre, les pierrailles sont les matériaux de ces édifices. Les murailles ont jusqu'à deux pieds d'épaisseur. Le dessus de l'édifice est formé en voûte. Il y a deux ouvertures : l'une est une fenêtre qui donne sur l'eau; c'est de là qu'ils prennent les bains en se plongeant jusqu'à la moitié du corps; l'autre les conduit à terre pour aller chercher la provision. Quelques-unes de ces cabanes ont deux ou trois étages; il y en a qui ont jusqu'à dix pieds de diamètre. Leur ouvrage est fait avec tant de propreté et de solidité, qu'on y voit partout une industrie qui serait rivale de l'industrie humaine, si elle n'était uniforme.

On ménage dans chaque cabane un magasin pour les provisions de bouche; ce sont des écorces d'arbres ou du bois tendre; on les arrange en pile, afin d'en prendre facilement au besoin. Ces républiques sont quelquefois composées de vingt à vingt-cinq cabanes; partout on y voit régner la paix, l'union, la concorde, la bonne foi. Les habitants d'une cabane ne vont point piller les provisions de la cabane voisine. Quelque ennemi vient-il attaquer la république, ils s'avertissent, frappent de la queue sur l'eau et fuient au fond de la rivière. Les chasseurs ou les torrents ont-ils endommagé la digue, tout le peuple amphibie travaille à réparer l'ouvrage.

La femelle porte quatre mois, met bas au commencement du printemps deux ou trois petits, donne tous ses soins à l'éducation de sa progéniture. Les mâles vont se promener, jouir de la douceur de la belle saison, mais reviennent de temps en temps voir leurs femelles. Lorsque les petits nourrissons sont en état de suivre la mère, elle les mène promener, manger des poissons, des écrevisses, de jeunes écorces d'arbres, et les fait jouir des plaisirs de la terre et de l'eau.

Avec quel regret ne voit-on pas faire une guerre mortelle à ces animaux innocents et industrieux ! C'est pendant l'hiver qu'on les attrape, parce que leur fourrure n'est parfaitement bonne que dans cette saison. On les tue à l'affut. On leur tend des piéges. Dans le temps des glaces, on détruit leurs cabanes ; ils fuient sous l'eau ; on fait des ouvertures aux glaçons, on s'y met en embuscade, et on les prend au moment où ils viennent respirer l'air, dont ils ne peuvent se passer. Lorsqu'on en a tué un trop grand nombre et que la société est affaiblie, le génie de ces animaux se flétrit; ils perdent toutes leurs qualités sociales, vivent épars, se construisent sous terre un simple terrier aboutissant à l'eau, qui leur sert d'étang.

Lors de la crue des eaux, ils se retirent dans le haut de leur terrier, qu'ils construisent en plan incliné.

Les castors se plaisent dans les pays froids. Leurs fourrures sont d'autant plus noires qu'ils habitent une contree plus froide. A mesure qu'on s'eloigne du Nord, la couleur s'eclaircit. On en voit chez les Illinois de couleur de paille.

La fourrure des castors est composée d'un duvet fin qui recouvre immédiatement la peau, et d'un autre poil plus grand. On emploie l'un et l'autre dans la fabrique des chapeaux, etc.

LE CABIAL.

Cet animal, que l'on nomme aussi *porc de rivière*, frequente les terres basses du Brésil, de la Guyane et de l'Amérique méridionale; i plonge dans l'eau, pèche le poisson et vient le manger à terre; il vit aussi de graines et de fruits de cannes à sucre, et marche la nuit par troupes; il ne s'écarte point des eaux, où il se jette à l'approche des chasseurs; là, il disparaît à leurs yeux, nage entre deux eaux et se sauve sans être aperçu. Son naturel assez doux est sensible aux bons traitements, au point qu'il vient lorsqu'on l'appelle.

Des Singes.

Les singes, en général, sont les ébauches de l'homme. Il semble que la nature ait pris plaisir à multiplier, non-seulement tout ce qui est homme, mais même tout ce qui y a quelque rapport; en effet, aucun animal n'est plus multiplié que le singe. On n'en trouve point à la vérité en Europe; mais ils sont très-nombreux dans l'Asie, l'Afrique et l'Amérique. On les divise communément en singes à queue et singes sans queue, et ces deux genres se subdivisent en un très-grand nombre d'espèces qu'il serait trop long de détailler dans cet abrégé. Nous nous bornerons donc à donner une idée des mœurs et du caractère des singes en général, après avoir néanmoins dit quelques mots des espèces les plus remarquables et les plus connues.

LE MAGOT.

Le magot est, de toutes les espèces de singe, celle qui s'accorde le mieux de la température de notre climat et qui s'apprivoise le plus facilement; on en nourrit dans les maisons des riches, pour le plaisir et l'amusement que l'on trouve à leur voir faire mille gestes risibles, qui s'appellent des *singeries*. J'en ai vu un qui aimait beaucoup à se voir dans un miroir.

Le magot habite généralement l'Arabie, la Barbarie et le Cap de Bonne-Espérance; il est d'un tempérament robuste et se plait à l'air dans nos climats pendant l'été, passe très-bien l'hiver dans nos appartements. Les femelles sont plus petites que les mâles; elles ont, ainsi que le mâle, des poches dans leurs joues, où elles cachent ce qu'on leur donne à manger, quand elles n'ont plus faim.

L'ORANG-OUTANG.

On distingue deux espèces d'orang-outang : le grand et le petit; le premier est nommé *pongo*, le second *jocko :* tous deux se trouvent dans les contrées méridionales de l'Afrique et de l'Asie. Les habitants de ces pays leur ont donné le nom d'orang-outang, qui veut dire, dans leur langue, *homme sauvage*, parce qu'ils ressemblent à l'homme par leur forme, par leurs démarches, et encore plus par leur organisation intérieure; en effet, on trouve même disposition dans la structure animale, même conformation; leur langue mobile aurait la faculté d'articuler, s'ils étaient, comme l'homme, doués de la pensée.

Ces singes, livrés à eux-mêmes, vivent dans les bois, de fruits, de racines; dorment quelquefois sur les arbres, se construisent souvent de petites cabanes de branches d'arbres entrelaccées, pour se mettre à l'abri des injures du temps ; ils sont robustes, agiles et hardis; vont de compagnie, se defendent avec des bâtons, ne craignent pas l'elephant, qu'ils viennent à bout de chasser de la partie des bois qu'ils ont choisie. Des voyageurs assurent que l'orang-outang est en état de tenir tête à dix hommes.

Le besoin rend industrieux. Lorsque les fruits leur manquent dans les forêts, ils descendent sur le rivage, mangent des crabes, des homards et des huîtres, qu'ils ne prennent que quand elles sont ouvertes, et, pour les surprendre ainsi, ils emploient la ruse : ils ramassent de petites pierres, en jettent dans chaque coquille ; les huîtres alors, ne pouvant se fermer, deviennent la proie du malin singe.

Cet animal est susceptible d'éducation quand on le prend jeune ; il devient doux, paisible, familier, suivant les leçons qu'il a reçues ; il se présente avec honnêteté et politesse, se promène en compagnie avec un air d'importance, mange à la table des maîtres avec propreté, ne boit pas de vin, préfère le lait et le thé, donne la main par politesse, fait son lit. Enfin, il ne lui manque que la parole ; son instinct est tout près de la raison.

On raconte qu'un orang-outang, ayant été embarqué, tomba malade ; on le saigna deux fois au bras ; au bout de quelques jours, il se trouva guéri. Longtemps après, se sentant incommodé, il vint présenter son bras en faisant des gestes qui annonçaient qu'il demandait à être saigné.

Mœurs et caractère des Singes en général.

Généralement, le singe est indocile, ses mouvements sont brusques; sa face mobile se porte à mille grimaces, mille contorsions, qui, jointes à ses gestes ridicules et extravagants, donnent le spectacle de la pantomime la plus risible et la plus divertissante.

S'ils sont enclins à voler, à déchirer, à casser, ils sont aussi fort ingénieux et adroits dans toutes leurs fonctions; si on les bat, ils ont l'air de soupirer, de gémir, de pleurer. Portes à l'imitation de tout ce qui se fait devant leurs yeux, ils affectent un geste et une contenance qui ressemblent beaucoup aux attitudes humaines; ils apprennent ce qu'on leur enseigne, même ce qu'on ne voudrait pas qu'ils sussent. On en a vu rendre à leur maître tous les services d'un laquais adroit, officieux et intelligent; rincer des verres, verser à boire, tourner la broche, piler dans les mortiers, aller chercher de l'eau dans des cruches; en un mot, être en état de faire un ménage.

Les singes, étant en societe entr'eux, observent une certaine discipline et exécutent tout avec intelligence. Ont-ils decouvert une melonnière (car ils aiment beaucoup les melons), ils se réunissent en troupes; une partie d'entre eux entre dans le jardin, se range en haie, et, à une distance médiocre les uns des autres, ils se jettent de main en main les melons, que chacun reçoit adroitement et avec une rapidité extrême. La ligne finit ordinairement dans quelque bois épais où ils peuvent se cacher et jouir de leur butin en sûreté. Il y en a toujours un en sentinelle sur un terrain élevé; aperçoit-il quelque danger, il jette un cri : à ce signal, toute la troupe s'enfuit avec une vitesse étonnante.

Quand ces animaux sont attaqués, ils ne fuient pas toujours; le plus souvent ils se défendent vivement, surtout dans les bois. Leurs armes sont des branches d'arbres qu'ils cassent, des caillous qu'ils amassent, et leurs excréments qu'ils reçoivent dans leurs mains; ils jettent tout cela à la tête de leurs ennemis.

Jamais les espèces différentes de singes ne se mêlent ensemble; les bleus et les rouges sont toujours en troupes de trois à quatre mille; ils forment, dit-on, des républiques, où la subordination est fort bien observée. Les nègres les regardent comme des espèces d'hommes vagabonds qui ne veulent pas prendre la peine de se bâtir des cases; ils leur font la guerre et les combattent avec des flèches. Dès qu'un singe est blessé à mort ou tué, d'autres singes vigoureux poursuivent souvent les nègres jusque dans leurs cases; et, si on leur ferme la porte au nez, ils montent sur le toit, le démolissent, entrent dans la maison et emportent tout ce qu'ils peuvent ramasser.

Dans les endroits où croissent le poivre et le cacao, les Indiens se servent de l'instinct du singe pour en recueillir ce qu'ils ne pourraient avoir sans leurs secours : ils montent sur les premières branches, ils en cassent l'extrémité où est le fruit, l'arrangent à terre comme par jeu, et se retirent. Les singes, qui les ont examinés, viennent aussitôt après sur les mêmes arbres, les dépouillent jusqu'à la cime et disposent ces branches comme ils l'ont vu faire aux Indiens. Ceux-ci reviennent pendant la nuit et enlèvent la récolte.

LES OISEAUX.

Des Oiseaux en général.

Nous venons de terminer l'histoire d'une partie des quadrupèdes ou des animaux qui, semblables à l'homme, peuplent la terre et s'en partagent le domaine. Jetons maintenant un coup d'œil au-dessus de nos têtes, et nous y verrons d'autres animaux bien differents pour les formes. La varieté de leurs couleurs, suivant les saisons, leur chant, leurs différentes formes et grandeurs, tout mérite l'attention des curieux. Entrons donc en matiere et examinons cette nouvelle mine abondante des productions de la nature.

L'oiseau est un animal bipède (ou à deux pieds), ovipare, qui a des plumes et des ailes. Ses plumes sont renversées en arriere et couchées les unes sur les autres dans un ordre regulier. Son corps n'est ni extrêmement massif, ni egalement épais partout, mais bien disposé pour le vol : aigu par devant, grossissant peu à peu. Par cette structure, il est plus propre à fendre l'air. Tous les oiseaux viennent d'un œuf; mais ils different beaucoup les uns des autres, par leur figure, leur grandeur, la variete de leurs couleurs, leur maniere de vivre. Chaque espèce donne une forme particulière à son nid ; autant d'especes, autant de sortes d'œufs.

Parmi les oiseaux, qu'on a divisés par familles, 1° les uns ont le bec courbé, les ongles crochus; tels sont les oiseaux de proie, qui sont carnivores. Ceux de cette famille sont ou oiseaux de jour ou oiseaux nocturnes; ils vivent presque tous solitaires, sont tres-garnis de plumes. Leur vie est beaucoup plus longue que celles des autres.

2° Les autres sont à bec de pie, un peu oblong, fort et gros.

3° Cette famille comprend les oiseaux de rivière, qui frequentent les bords des rivieres, mais sans nager; ils ont les pieds fendus, les jambes et les cuisses fort longues, un bec long et pointu; ils n'ont point de plumes au-dessous des genoux; quelques-uns sont haut montes sur leurs jambes et ont le bec court.

4° Ceux de cette famille, qui nagent sur les eaux et qui s'y promènent, ont les doigts des pieds unis par une membrane; ce sont les oiseaux aquatiques par excellence.

5° Ceux de la cinquième famille ont le bec assez droit, quelquefois courbé, plus ou moins long; les jambes courtes, les ailes fort etendues, un vol fort rapide, une queue longue.

Ceux qui ont le bec grêle, faible et pointu, vivent d'insectes; ceux qui vivent de grains, d'herbes épineuses, l'ont fort court et propre à broyer.

6° On met dans la sixième famille les oiseaux du genre des poules. Ils ont le bec assez court, un peu recourbé; le corps gras, charnu et pesant; des ailes courtes, concaves; ce qui fait qu'ils ne peuvent pas voler fort haut, ni longtemps; leurs pieds sont garnis d'une peau; ils se nourrissent d'herbes et quelquefois d'insectes; ils font leur nid à terre. Leurs petits, qui sont couverts de duvet, suivent la mère, courent çà et là et ramassent ce qu'ils peuvent avec leur petit bec.

Les femelles des oiseaux pondent des œufs; elles les couvent jour et nuit avec une constance singulière, jusqu'à ce que le petit vienne à éclore.

La poule, qui est un trésor pour l'homme, pond presque tous les jours en certaines saisons; d'autres oiseaux pondent indifféremment toute l'année, d'autres une fois l'an. La quantité des œufs est déterminée à chaque espèce; car si on en casse quelques-uns, ils en font bientôt un pareil nombre pour compléter la couvée; c'est surtout ce qu'on remarque dans les canards, les hirondelles et les moineaux. Enfin, les oiseaux qui sont les moins nuisibles et les meilleurs à manger de tous les animaux sont ceux qui multiplient le plus. Au reste, on a remarqué que ceux de ces animaux qui nourrissent leurs petits n'en ont ordinairement qu'un petit nombre; ceux, au contraire, dont les petits mangent seuls dès qu'ils voient le jour, en ont des bandes de dix-huit et quelquefois plus. Mais quels soins ne prennent-ils pas de leurs œufs! L'on ne peut qu'être enchanté du mécanisme même de l'œuf, de la naissance et de l'éducation des petits. Commençons par examiner les nids.

Les oiseaux construisent leurs nids et les façonnent avec un art admirable; les uns les font sous l'herbe à plate terre, les autres au haut des arbres, ou les suspendent à des branches d'arbres; d'autres, dans des arbrisseaux; d'autres, dans des creux d'arbres; d'autres, dans la terre; d'autres, dans des fentes de rochers; enfin, en quelque endroit qu'ils les logent, c'est toujours sous quelque abri, sous des herbes ou sous une grosse branche, sous des feuilles doublées dans des roseaux; alors ils les attachent avec autant de solidité que nous pourrions faire.

On ne peut trop admirer la parfaite ressemblance qui se trouve entre les nids des oiseaux d'une même espèce, quelque part qu'ils se trouvent, et l'industrie, la propreté qui règnent partout. Les dehors du nid sont des matières grossières pour servir de fondement : ils y emploient les épines, les joncs, le gros foin et la mousse la plus épaisse. Sur cette première assise, encore informe, ils étendent, entrelacent et plient en rond des matériaux plus delicats et disposés de manière à fermer l'entrée aux vents et aux insectes. Maïs chaque espèce a son goût ou une façon pour se meubler. Ils ne manquent pas de tapisser le dedans de petites plumes ou de l'etoffer avec de la laine, etc., de peur que leurs œufs ne se froissent ou ne se cassent, et pour entretenir la chaleur autour d'eux et de leurs petits.

L'etendue du nid est proportionnée au nombre des enfants qui doivent naître, et jamais la ponte n'en prévient la structure. Les outils des oiseaux sont leurs becs; avec un tel instrument, ils fabriquent des ouvrages où l'on trouve la propreté du vannier et l'industrie du maçon. Il y en a dont les pièces sont proprement attachees et liees avec un fil, que l'oiseau se fait avec de la bourre, du chanvre, du crin, de la toile d'araignée.

D'autres oiseaux, comme le merle et la huppe, induisent l'intérieur du nid d'une petite couche de mortier, qui colle et maintient tout ce qui est dessous; ce qui, à l'aide d'un peu de bourre ou de mousse qu'ils y attachent, quand il est encore frais, forme par dedans une muraille ou un appartement meublé d'une propreté parfaite; d'autres, enfin, font un nid sans bois, sans foin, sans liens; ils gâchent la poussière avec l'eau qu'ils ont prise en rasant la superficie et construisent un logement d'une structure tout à fait singulière.

C'est ainsi que les oiseaux fabriquent pour leurs petits une habitation solide, et qu'ils ne la bâtissent pas indifféremment en toutes sortes d'endroits, mais toujours dans un lieu où ils puissent être tranquilles et à l'abri de leurs ennemis. Tous couvent leurs œufs avec tant de patience, qu'ils aiment mieux souffrir la faim que de les exposer en allant chercher leur nourriture. L'oiseau, cet animal si agile, si inquiet, si volage, oublie en ce moment son naturel, pour se fixer sur ses œufs pendant le temps nécessaire.

Avec quel empressement les oiseaux mâles partagent et adoucissent la peine de leurs compagnes ! L'un réitère ses voyages sans se rebuter et met dans le bec de la femelle la mangeaille toute préparée; un autre accompagne ces petits services de son ramage; partout l'on voit l'inquiétude officieuse du mari et l'assiduité pénible de la mère.

On remarque que la plupart des canards, quand ils sont obligés de quitter leurs œufs pour aller chercher à manger, s'arrachent une bonne quantité de plumes pour les couvrir et les garantir du froid. Quel soin, quelle sollicitude pour pourvoir à la nourriture de leurs petits nouvellement éclos !

Les petits pigeons ne pourraient pas digérer des graines dures, si le père et la mère ne les avalaient auparavant pour les ramollir dans leur gosier; ensuite de quoi ils les dégorgent dans le bec des pigeonneaux.

Souvent le coucou pond ses œufs dans le nid des autres oiseaux; il laisse à ceux-ci le soin de de les couver et de les faire éclore. Mais quelle étrange surprise pour la mère, qui croit trouver de l'affection dans le nouveau-né! A peine celui-ci a-t-il quelques jours, qu'il dévore les petits de l'oiseau dont le nid lui a servi de berceau, et souvent il extermine et mange sa prétendue mère.

Tous les oiseaux (excepté le coucou) sont très-attachés à leurs petits. Dans le temps que leurs petits grandissent, le rossignol et la fauvette suspendent leurs concerts accoutumés; le besoin les fait aller en quête dès le soleil levant; de retour, ils distribuent la nourriture aux petits avec beaucoup d'agilité.

Des Oiseaux Domestiques.

LE DINDON.

L'histoire rapporte que le dindon nous a été apporté, dans le seizième siècle, par des jésuites missionnaires aux Indes Occidentales. Cet oiseau s'est naturalisé dans nos climats, au point qu'il y est devenu très-commun. C'est dans l'hiver qu'il engraisse et fournit abondamment à nos tables. On conduit ces oiseaux comme des troupeaux pour les faire paître. Le plumage du dindon est assez beau ; aussi le voit-on marcher avec la fierté du paon et étaler pompeusement sa queue en roue, d'où est venu le proverbe trivial : *Fier comme un coq d'Inde*. Ces oiseaux ont une antipathie singulière pour la couleur rouge : ils s'irritent à la vue d'un habit de cette couleur, deviennent furieux, s'élancent, attaquent à coups de bec et font tous les efforts pour éloigner un objet qui semble leur être insupportable ; et s'ils se croient victorieux, ils font aussitôt la roue. Les habitants de la Louisiane vont à la chasse des dindons sauvages dans les champs couverts d'orties. Les naturels du pays prennent les longues plumes de la queue pour faire des parasols et des éventails. Les petites plumes sont employées à faire des mantes d'hiver.

LE CANARD ET L'OIE.

Le canard est une espèce des plus nombreuses et présente de grandes variétés dans la forme et dans le plumage. On observe, en général, que leurs pattes, comme dans les oies, les cygnes et autres oiseaux aquatiques obligés de chercher leur nourriture en nageant, sont placées plus proche du croupion. Cette position des pattes rend leur démarche sur terre difficile, vacillante; mais ils en voguent avec plus de facilité sur l'eau. Les canards plongent pour chercher leur nourriture ou pour se sauver, sont très-voraces et peu délicats sur leurs aliments. On peut les regarder comme amphibies. Ils restent assez longtemps sous l'eau. A l'approche de la pluie, des orages, on les entend crier plus que de coutume. Ils battent des ailes, se jouent sur l'eau. Parmi les canards, les plus remarquables sont le *canard à duvet*, qui donne l'édredon; le *canard sauvage*, oiseau de passage, que nous voyons arriver dans nos climats à l'approche de l'hiver. On attire les canards sauvages le soir sur de grands étangs, en faisant crier des canards privés. On en tue beaucoup.

On distingue plusieurs espèces d'oies. Ces oiseaux aquatiques vivent en société. On les voit arriver dans nos pays à l'approche de l'hiver. Leur vol se fait en bon ordre, ainsi que celui des canards : c'est un triangle sans base. Celui qui est en tête fend l'air, dont il soutient le choc. Les deux colonnes suivent. Lorsqu'il est fatigué, il retourne à la queue et est remplacé par celui qui le suit. La troupe s'abat dans les plaines de blé, dans les lieux marécageux. Comme ils ne s'élèvent de terre que difficilement, un d'entre eux fait sentinelle, est aux aguets, avertit ses camarades du moindre danger. La chair de l'oie sauvage est assez estimée. Ses cuisses bien préparées sont un bon mets.

On élève des oies domestiques sur les bords des ruisseaux, des rivières. L'on en voit le long de la Loire s'assembler en certain temps de l'année et faire leur passage en d'autres pays, d'où elles reviennent ensuite fort exactement chacune dans leurs maisons. C'est à tort qu'on a taxé cet oiseau d'être stupide : on en a vu dresser à tourner la broche comme un chien. Les femelles font deux ou trois pontes. On retire de ces oiseaux deux récoltes de plumes par an. C'est avec ce duvet qu'on fait les lits de plumes. Les plumes de leurs ailes servent à écrire. Leurs œufs sont moins délicats que ceux des poules.

LA SARCELLE.

La sarcelle est un oiseau aquatique du genre des canards ; on la nomme en quelques lieux de la France *garsotte*. Elle ressemble aux canards par les habitudes naturelles, par la conformation, par toutes les proportions relatives de la forme, par l'ordonnance du plumage et par la grande différence qui existe entre les mâles et les femelles. On en distingue deux espèces principales, savoir : la sarcelle commune et la petite sarcelle.

La sarcelle commune vient passer l'hiver en France et nous quitte vers la fin d'avril, pour revenir l'automne. Elle a le bec large et une tache luisante comme les canaris; le plumage du mâle est richement émaillé.

Ces oiseaux voyagent par bandes comme les canards sauvages et les oies ; mais ils ne gardent pas comme eux un ordre régulier ; ils prennent leur essor de dessus l'eau, plongent peu, se nourrissent d'insectes, de graines et de plantes aquatiques qu'ils trouvent à la surface de l'eau, sur les bords des étangs et des marais, qu'ils habitent de préférence. Ils ne nichent point en France.

La petite sarcelle paraît naturelle à nos pays : elle niche sur nos étangs, fait son nid dans les grands joncs; ce nid est posé sur l'eau de manière qu'il hausse et baisse avec elle. Elle couve dans le mois d'avril.

Cet oiseau est fort commun dans le département de Seine-et-Marne ; sa chair est beaucoup plus délicate que celle du canard; aussi est-elle très-recherchée par les riches.

LE PIGEON.

Le pigeon vit quinze à vingt ans, se nourrit de chenevis, d'orge, de vesce, de pois et d'autres graines; boit sans renverser le cou, comme la plupart des autres oiseaux; aime à se baigner et à se rouler dans la poussière, pour faire périr la vermine dont il est quelquefois attaqué. Sa vue est perçante, son ouïe fine, son vol rapide, surtout lorsqu'il est poursuivi par les oiseaux de proie. Sa voix est un cri plaintif assez bien exprimé par le mot *roucoulement*. Les pigeons, qui sont regardés comme le symbole de la douceur, se battent quelquefois entr'eux jusqu'à la mort. La femelle pond deux œufs. Il s'agit de les couver; le mâle partage ce soin, qui dure quinze jours. Les heures de la couvée de l'un et de l'autre sont réglées de manière que, si l'un d'eux tarde trop à revenir, l'autre va le chercher pour le renvoyer à sa place. Les pigeonneaux nouvellement éclos passent les trois ou quatre premiers jours sans rien manger. Il leur suffit d'être chaudement; alors il n'y a plus que la femelle qui prenne la peine de les élever. Elle ne les quitte que pour aller prendre un peu de nourriture; après quoi ils sont nourris d'aliments à demi digérés, que le mâle et la femelle viennent dégorger dans les jeunes becs. Lorsqu'ils ont acquis assez de force pour prendre une nourriture plus solide, le père les chasse du nid. On voit souvent des pigeons monstrueux à quatre pieds, à deux têtes, etc.

Les pigeons domestiques sont d'un bon revenu pour le fermier, à raison de leur fécondité. Dans le même temps qu'ils élèvent leurs petits, ils couvent des œufs. L'été, ils vont chercher leur nourriture dans la campagne;

mais l'hiver il faut les nourrir. L'inclination qu'ils ont à revenir au colombier les a fait quelquefois employer comme messagers. On leur attachait des lettres aux pieds ou sous les ailes. Le *biset* et le *ramier* sont des espèces de pigeons assez communs. Il y en a encore plusieurs variétés, telles que le *pigeon fuyard*, le *pigeon de rocher*, le *pigeon pattu* ou *jacobin*. Ce dernier a les pieds garnis de plumes et supporte bien le froid.

LA COLOMBE.

On désigne sous le nom de colombe la femelle du pigeon. D'autres prétendent que c'est une espèce particulière. La colombe a été de tout temps fort célèbre chez les poètes. C'est l'attribut de la Déesse des grâces et de la beauté. On représente ordinairement Vénus sur un char traîné par deux colombes. C'est aussi le symbole de la douceur et de l'amitié.

C'est de la colombe qu'on a formé le nom de *colombier*, pour désigner le lieu où les pigeons se retirent pour nicher.

Voyez pigeon.

LE PAON.

La nature semble avoir versé à pleines mains sur le paon tous les trésors qu'elle a dispensés aux autres oiseaux de la terre; en effet, une taille grande, un port imposant, une démarche fière, une figure noble, enfin les proportions du corps élégantes, tout annonce un être de distinction. Une aigrette mobile et légère, peinte des plus riches couleurs, orne sa tête; son plumage semble réunir le coloris et la fraîcheur des plus belles fleurs. Lorsqu'il se promène paisible et seul dans un beau jour, chacun de ses mouvements produit des milliers de nuances nouvelles.

Semblables aux fleurs, ses plumes se flétrissent comme elles et tombent chaque année. Ainsi dépouillé, cet oiseau n'ose plus se montrer et cherche au contraire à se cacher à tous les yeux, jusqu'à ce que, un nouveau printemps lui rendant sa parure accoutumée, il se montre de nouveau pour jouir des hommages dus à sa beauté. Lorsqu'il voit les yeux tournés sur lui, il semble enfler d'orgueil; c'est alors qu'il étale avec pompe, en forme d'éventail, les plumes de sa queue, dont les compartiments d'or et d'azur, les yeux, les nuances, frappés des rayons du soleil, font un spectacle éblouissant.

Nous devons aux Indes Orientales ce superbe oiseau, qui charme aussi agréablement les yeux que le rossignol charme les oreilles. La chair de ces oiseaux est dure, sèche et difficile à digérer. On les servait autrefois rôtis, après les avoir adroitement revêtus de leurs plumes.

LA PERDRIX.

On en distingue plusieurs espèces. La perdrix grise est la plus commune. Celle-ci fait son nid presque à fleur de terre, dans un petit trou jonché comme par hasard d'un peu d'herbes et de paille sèche. L'instinct de la mère pour ses petits éclate autant dans les alarmes d'un danger prochain que dans les soins d'une éducation paisible. Si quelqu'un approche du nid, elle s'éloigne en boîtant, pour attirer sur elle les yeux et l'avidité du chasseur. A une certaine distance, la ruse cesse. La perdrix reprend son vol et revient vers ses petits, qui se rassemblent à son cri sous ses ailes. Elle leur apprend à chercher leur vie et à voler. Les perdreaux, quoique jeunes, sont assez rusés pour ne pas faire le moindre mouvement, de manière qu'ils se laisseraient plutôt écraser sous le pied de l'oiseleur. Les perdrix jeunes et vieilles vivent l'hiver en société; on les trouve par compagnie. Elles sont faciles à tirer au vol. Rarement elles échappent au plomb meurtrier. Comme elles ont beaucoup de fumet, le chien les sent de loin. Une des chasses les plus amusantes pour les dames est celle de la perdrix au filet. Vers le soir, dans les beaux jours du printemps, on met en plein champ une perdrix femelle renfermée dans une cage; c'est ce qu'on nomme *chanterelle*. Les mâles des environs, attirés par son chant, se rendent autour d'elle ; et c'est ainsi qu'on vient facilement à bout de les surprendre.

On élève aisément les perdreaux avec des vers et nymphes de fourmis ou des œufs avec de la mie de pain et de la laitue. Il faut avoir soin de renouveler l'eau. Par cette éducation, la perdrix s'apprivoise et vit avec la volaille de basse-cour.

L'ALOUETTE.

Dès les premiers jours du printemps, la nature renaissante ranime le ramage de ces oiseaux. On les voit s'élever dans les airs toujours en chantant. La femelle pond sur terre trois fois par an de petits œufs grivelés. Le nombre de ces oiseaux égaie les campagnes par leur mélodie agréable. La chasse au miroir est amusante. On les engraisse dans des cages garnies de toiles en dessus ; car, leur naturel les portant toujours à s'élever en volant, ils se briseraient la tête. On assure que, si l'on nourrit cet oiseau avec du chenevis tout pur, il devient bientôt tout noir.

LE MERLE.

Le merle est du genre des grives et des étourneaux ; il a le bec long d'un pouce, jaune, safrané, ainsi que le dedans de la bouche ; ses pieds sont noirs. Il ne devient d'un beau noir par tout le corps, et son bec n'est d'un beau jaune que quand il est sorti de la première jeunesse. Il se nourrit indistinctement de baies et d'insectes.

Le merle construit son nid avec beaucoup d'art. Extérieurement, il est composé de mousse, de rameaux déliés et de menues racines liées ensemble avec de la boue qui tient lieu de colle; le dedans est aussi luté de boue et recouvert ensuite de paille fine, de jonc et d'autres matières douces et molettes.

L'hiver, il ne fait que gazouiller; mais pendant l'été il chante beaucoup. Son ramage est agréable, surtout quand on l'entend dans un bois, dans une vallée où il y a un écho.

Il y a une si grande différence entre le mâle et la femelle, qu'on prendrait volontiers celle-ci pour un oiseau d'une autre espèce. Elle pond à chaque couvée quatre ou cinq œufs blanchâtres parsemés de taches brunes. Le mâle les couve de temps en temps, à la place de la femelle, pendant le jour; le reste du temps, il s'occupe à lui aller chercher à manger et veille autour d'elle, pour l'avertir de l'approche des oiseaux de proie.

On élève le merle en cage. Il est docile; on peut l'instruire à parler. Ce qu'il a une fois appris, il ne l'oublie jamais.

Sa chair est d'un bon suc pendant les vendanges, parce qu'il mange alors du raisin; mais elle devient amère lorsqu'il est réduit à se nourrir de baies de genièvre, de grains de lierre, etc.

Des Oiseaux de Proie.

LE FAUCON.

Cet oiseau de proie, de qui la fauconnerie tire son nom, est le plus noble de son espèce. L'homme, toujours industrieux pour ses besoins ou ses plaisirs, a fait tourner à son profit la voracité des oiseaux de proie naturellement chasseurs. La chasse du vol est devenue le plaisir des riches, depuis que la témérité, l'adresse et la patience ont rendu souple le naturel indocile et carnassier des faucons. Ceux qu'on prend tout petits dans le nid sont plus faciles à dresser. Mais le faucon qui a joui de la liberté, lorsqu'il a été pris au filet, ne s'apprivoise qu'en le réduisant par la famine et la privation du sommeil. Devenu familier, il est plus susceptible ensuite d'éducation par le bon traitement. Pour le dresser à se tenir sur le poing, à partir quand on le lance et à revenir quand on l'appelle, le fauconnier lui présente le leurre (c'est un morceau de bois habillé de plumes ou de poil, suivant l'espèce d'oiseau ou de quadrupède à la chasse duquel on le veut dresser), en observant de cacher, sous les plumes ou sous le poil, du sucre ou de la chair de poulet, ou de la canelle, pour affriander l'oiseau dans les commencements de l'exercice. Quand ensuite on essaie le faucon en pleine campagne, il est toujours chaperonné, c'est-à-dire qu'on lui tient la tête couverte d'un cuir qui lui descend jusque sur les yeux, afin qu'il ne voie que ce qu'on veut lui montrer. On le tient attaché à une ficelle qui a plusieurs mètres de longueur, et sitôt que les chiens ont fait partir le gibier que l'on cherche, le fauconnier déchaperonne l'oiseau, c'est-à-dire lui ôte le cuir dont sa tête était couverte, et le jette en l'air. Les grelots qu'on a eu soin d'attacher à ses pieds avertissent de ses mouvements. Le gésier et les entrailles du gibier qu'il apporte sont la récompense excitative de sa docilité et de sa fidélité. L'éducation une fois faite, ces précautions deviennent inutiles; le faucon, docile à la voix seule du fauconnier, part comme un trait lorsqu'on le jette en l'air, plane, monte par degrés, s'élève à perte de vue, parcourt de ses yeux perçants toute la plaine, fond tout-à-coup sur sa proie et la rapporte au fauconnier qui le rappelle. Le faucon dressé au poil, c'est-à-dire à la chasse du sanglier, du loup, du chevreuil ou du lièvre, se cramponne sur la tête de ces animaux pour leur becqueter et leur crever les yeux. Les soins que ces quadrupèdes prennent à se défendre retardent leur course. Le chasseur arrive et tue sans fatigue le gibier, qui ne peut lui échapper.

L'ÉMERILLON.

L'émerillon est un des plus petits oiseaux de proie que nous ayons. Il n'est que passager. Sa tête et le dessous de son corps sont bigarrés et de même couleur que le faucon ; le bec et les serres, noirs ; il a le tour du bec, celui des yeux, les jambes et les pattes fort jaunes.

Cet oiseau est vif, hardi et toujours en action ; il surpasse tous les autres par sa légèreté et sa vitesse. C'est un plaisir de voir son courage à la poursuite des oiseaux qu'il attaque pour en faire sa proie ; il tue les perdrix en les frappant de son bec sur la tête, sur le cou ou dans l'estomac ; son coup est donné en un instant et ne manque jamais. C'est le seul des oiseaux de proie dont on ait peine à distinguer le mâle et la femelle, étant tous deux de la même grosseur.

LE ROI DES VAUTOURS.

Le roi des vautours est en effet le plus bel oiseau de ce genre. Ce sont les Européens habitants des colonies de l'Amérique Méridionale, où on trouve ce vautour, qui lui ont donné ce nom. Il a la tête et le cou sans plumes comme tous les autres vautours ; la peau qui le couvre est variée de différentes couleurs; il n'est pas plus gros qu'une poule d'Inde. Son bec, qui n'est crochu qu'à l'extrémité, est dans les uns rouge tout entier, dans d'autres il n'y a que le bout qui soit de cette couleur, le reste étant noir.

La base du bec est environnée et couverte d'une peau de couleur orangée, large et s'élevant de chaque côté jusqu'au haut de la tête. C'est dans cette peau que sont placées les narines, de forme oblongue, et entre lesquelles cette peau s'élève comme une crête dentelée et mobile à la volonté de l'animal. Les yeux sont entourés d'une peau rouge écarlate.

Au-dessus de la partie nue du cou est une espèce de fraise formée par des plumes blanches, cotonneuses, assez longues et d'un cendré foncé; cette fraise, qui entoure tout le corps et descend sur la poitrine, est assez ample pour que l'oiseau puisse, en se resserrant, y cacher son cou et une partie de sa tête.

Cet oiseau si beau, orné de couleurs si belles et si variées, ne se comporte guère en raison du titre pompeux qu'on lui a donné; car il est d'une excessive malpropreté et point du tout généreux; il n'attaque que les plus faibles animaux et ne se nourrit que de rats, de lézards, de serpents et même des excréments des animaux et des hommes.

LE CONDOR OU CONTUR.

Le condor habite les montagnes du Pérou. On le trouve aussi en Afrique, en Asie et dans les montagnes de la Suisse. C'est le plus énorme des oiseaux de proie; sa force prodigieuse répond à sa taille; ses ailes étendues ont quatorze à quinze pieds d'une extrémité à l'autre; il est armé d'un bec si vigoureux, qu'il peut éventrer un bœuf, et, lorsque cet oiseau s'abat, il fait un si grand bruit, qu'il inspire l'effroi. Ce tyran de l'air, qu'on n'a encore pu parvenir à détruire dans les hautes montagnes de la Suisse, fait une guerre cruelle tant aux troupeaux de chèvres et de brebis qu'aux chamois, lièvres et marmottes; il tue les biches et les vaches, attaque seul un homme et tue aisément un enfant de dix ou douze ans. Lorsqu'il voit sur un roc escarpé quelque animal trop fort pour qu'il puisse l'enlever, il prend son vol de manière à renverser cet animal dans quelque précipice, pour jouir commodément de sa proie. Quant aux petits animaux, il les enlève en volant et sans s'abattre, au moyen de ses griffes, qui sont d'une grandeur et d'une force surprenantes.

Les Indiens, pour se saisir de ce redoutable ennemi, font, avec une argile très-visqueuse, une figure d'enfant. Le ravisseur fond dessus;

ses pattes s'y engagent, il ne peut plus se sauver. On le tue. Le gouvernement helvétique donne une récompense considérable pour chaque tête de ces oiseaux redoutables.

Des Oiseaux Nocturnes et des Bois.

LA CORNEILLE.

La corneille est plus petite que le corbeau ; elle se nourrit de vers, d'insectes, de charogne, de petit gibier, de semences; elle enlève le grain nouvellement ensemencé. Cet oiseau multiplie prodigieusement. On fait, dans les temps de neige, une chasse à la corneille très-plaisante. On met un morceau de viande dans le fond d'un cornet et de la glu à l'entrée. On distribue ces cornets dans la neige. Ces oiseaux aperçoivent la viande, plongent la tête dans le cornet. A l'instant ils sont capuchonnés, se mettent à voler, ne voient plus, s'élèvent en ligne droite à perte de vue et tombent à terre excédés de fatigue. Il en arrive autant au corbeau qui donne dans le piége.

LA PIE.

Cet oiseau est naturellement voleur, chasseur et babillard ; marche en sautant, remue la queue continuellement, devient chauve tous les ans pendant la mue, fait la chasse aux petits oiseaux, levreaux, lapereaux; mange les œufs des merles et des perdrix. La pie s'apprivoise, apprend même à parler et devient aussi familière qu'elle est naturellement sauvage. Lorsqu'elle est rassasiée, elle va cacher ce qui lui reste de provisions pour les besoins à venir. Elle est assez hardie à manger dans les auges des pourceaux, qui souffrent volontiers qu'elle monte sur leur dos pour y prendre les poux qui les désolent.

LE PIVERT.

Le bec du pivert est long d'environ deux pouces, noir, dur, fort et triangulaire; ses pieds ont deux doigts en devant et deux par derrière.

La femelle pond cinq à six œufs à la fois; on à trouvé jusqu'à six petits ensemble dans son nid.

Cet oiseau, qui se pose souvent à terre, a une façon de vivre singulière. Il est muni d'instruments ou d'organes qui lui sont propres et particuliers. Sa langue, outre sa longueur, est armée de petites pointes et toujours enduite de glu vers son extrémité. Il tire sa substance de petits vers ou insectes qui vivent dans le cœur de certaines branches et plus communément sous l'écorce des plus grosses bûches flottées;

il essaie, par de forts coups de bec qu'il donne le long des branches, les endroits qui sont cariés et vides; il s'arrête où la branche sonne creux et casse avec son bec l'écorce et le bois; alors il avance son bec dans le trou qu'il a fait et pousse dans le creux de l'arbre une espèce de sifflement pour détacher et mettre en mouvement les insectes qui y dorment; il darde ensuite sa langue dans le trou, et, à l'aide des aiguillons dont elle est hérissée et de la colle dont elle est enduite, il emporte ce qu'il trouve de petits animaux, pour s'en nourrir.

LE PERROQUET.

Le perroquet proprement dit, originaire de l'Afrique et des grandes Indes, vit, dans son pays natal, de presque toutes sortes de fruits et de graines. Il y en a de différentes couleurs et grandeurs. L'espèce la plus commune, qu'on appelle *jacot,* est le perroquet cendré de Guinée, dont la sensibilité s'annonce par ses attachements, ses jalousies, ses préférences, ses caprices. Il s'admire, s'applaudit, s'encourage, se réjouit, s'attriste, semble s'émouvoir et s'attendrir aux caresses et donne des baisers affectueux. Ces oiseaux marchent difficilement, s'aident de leur bec pour grimper, se plaisent sur le muscadier, tiennent leur nourriture dans une patte, pendant qu'ils mangent, cassent dans leur bec, dont la partie supérieure est seule mobile, l'écorce du fruit le plus dur; font tant de dégât dans les champs, qu'on fait garder les moissons par des enfants. La graine de coton les enivre et cause chez eux les mêmes effets que sur l'homme l'excès du vin. Ils trouvent beaucoup de plaisir à se balancer, suspendus à une branche flexible et élastique. Ils sont sujets au mal caduc. Ils ne se laissent guère approcher du chasseur, regardent tomber leur camarade abattu d'un coup de fusil et se mettent alors à crier de toutes leurs forces. Ils construisent leur nid en forme de ballon, avec des joncs et de petits rameaux; ils y ménagent une entrée et le suspendent au haut des arbres, à l'extrémité des faibles branches, de manière qu'il est inaccessible aux serpents. Chaque ponte est de deux œufs. Le mâle et la femelle couvent tour à tour. La beauté du plumage, l'instinct, la douceur, la docilité, sont les présents que le perroquet a reçus des mains de la nature. La vie privée, les leçons, l'éducation et l'industrie humaine ont développé dans cet animal l'organe de la voix et en ont perfectionné la souplesse. Il apprend et retient très-facilement; aussi voit-on des perroquets qui parlent distinctement, chantent, rient, pleurent, sifflent, imitent le cri d'un enfant, d'un chien, d'un chat; contrefont le ton et l'inflexion de la voix humaine. Ils sont doux, caressants, aiment à être caressés ; mais, si on les met en colère, ils hérissent leurs plumes. La femelle parle aussi bien que le mâle.

« L'oiseau parleur, dit M. de Buffon, récrée, distrait, amuse ; dans la solitude, il fait compagnie ; dans la conversation, il est interlocuteur ; il répond, il appelle, il accueille, il jette l'éclat des ris, il exprime l'accent de l'affection, il joue la gravité de la sentence ; ses petits mots, tombés au hasard, égaient par les disparates ou quelquefois surprennent par la justesse. » Un de ces oiseaux, à qui l'on disait : *Riez, perroquet, riez*, se mettait à rire et, l'instant d'après, s'écriait avec un grand éclat : *Oh ! le grand sot, qui me fait rire !*

LA HUPPE OU PUTPUT.

C'est un oiseau de passage, qui ne se voit guère en Europe que l'été. Il est à peu près de la taille d'un merle. Ce qui le distingue d'une manière fort agréable, c'est une huppe ou aigrette de plumes qu'il a sur la tête, en forme de crête ; elle est composée d'un double rang de plumes hautes de deux pouces, de couleur rousse, et terminées par un bord noir. Cette crête s'ouvre en éventail et se ferme à la volonté de l'oiseau. La queue est composée de dix plumes noirâtres, avec une bande blanche en forme de croissant, lorsqu'elle est dépliée. La femelle, outre les couleurs moins vives, a la couronne plus basse et la tête moins ronde.

Cet oiseau recherche les climats chauds l'hiver ; sa nourriture le force à fuir les froids rigoureux ; il lui faut des vers, de petits insectes, des mouches et de jeunes boutons d'arbres. On l'apprivoise facilement ; il s'attache volontiers à la personne qui lui donne ses soins. Buffon parle d'une huppe que l'on avait prise dans un filet et qui s'attacha à sa maîtresse au point de ne voir personne qu'elle. On regarde cet oiseau comme fort sale; cependant celui dont nous parlons ne faisait jamais ses ordures que dans un endroit retiré et caché, ce qui n'est pas ordinaire aux oiseaux. La huppe se niche volontiers dans un creux d'arbre, souvent dans un vieux nid de pie, de torcol ou de mésange ; elle pond depuis deux jusqu'à cinq œufs cendrés.

LE MOINEAU.

Le moineau est un oiseau connu de tout le monde. Il est assez joli ; mais il cause beaucoup de dégâts dans les campagnes et dans les jardins. Il fait un grand carnage de mouches à miel, surtout lorsqu'il a des petits ; il perce avec son bec le jabot des jeunes pigeons, pour manger le grain qui y est contenu. Mais, d'un autre côté, il détruit les guêpes, les mouches, les fourmis, les hannetons et autres scarabées.

Le moineau sautille et ne marche point; il multiplie considérablement; il fait son nid tantôt dans le creux d'un arbre, tantôt sous un toit ou dans un trou de muraille. Il s'empare aussi des nids d'hirondelles; mais alors il se livre de rudes combats entr'eux.

Le P. Bougeant rapporte à ce sujet un fait qu'on peut facilement vérifier. Un moineau s'étant emparé du nid d'une hirondelle, celle-ci assembla ses compagnes pour qu'elles la défendissent contre l'usurpateur. Il se vit bientôt assailli d'une troupe de ces oiseaux, à qui il opposa une vigoureuse défense avec son gros bec, par l'ouverture du nid. Après un quart-d'heure de combat, il se croyait vainqueur; mais il fut bien sot, lorsqu'un moment après il se vit claquemuré dans le nid, par la terre détrempée que chaque hirondelle y avait appliquée.

LE COUCOU.

Le coucou prend son nom de son cri. On en distingue plusieurs espèces. Elles diffèrent pour la grandeur et la couleur. On ne commence à entendre chanter le coucou qu'au commencement de mai jusqu'à la fin de juillet. Le reste de l'année, on ne le voit plus, soit qu'il passe sous d'autres climats, soit qu'il se cache ou qu'il reste engourdi dans quelques arbres creux. Il est carnassier, se nourrit d'insectes, mange les petits oiseaux, dévore leurs œufs. Un trait unique de cet oiseau, c'est que la femelle ne construit pas de nid et qu'elle va pondre son œuf dans le nid de quelque petit oiseau, tels que la linotte, le roitelet, la mésange; après quoi elle l'abandonne aux soins de l'oiseau à qui appartient le nid. D'où vient cette indifférence apparente du coucou, tandis que tous les oiseaux montrent les soins les plus assidus pour leurs petits? L'instinct puissant des animaux est toujours fondé sur des raisons solides; elles nous échappent quelquefois. L'observation anatomique démontre que la femelle du coucou ne peut couver ses œufs. Dans tous les oiseaux, l'estomac est presque joint au dos et totalement recouvert par les intestins. Ces parties, étant molles, peuvent se prêter aisément à la compression qu'elles ont à souffrir pendant l'incubation. Au contraire, l'estomac du coucou est placé sous le ventre. Dans l'incubation, cette partie, posant immédiatement sur les œufs, souffrirait une compression douloureuse, qui serait contraire à la digestion de l'animal. Il suit aussi de la construction de ces oiseaux que les petits ont moins besoin d'être couvés, parce que leur estomac est abrité du froid par la masse des intestins.

Ainsi, l'incubation des petits oiseaux dans le nid desquels il pose ses œufs est suffisante. Le jeune coucou, en naissant, viole tous les droits de l'hospitalité, dévore la petite famille qui vient d'éclore avec lui, et son ingratitude cruelle et monstrueuse le porte quelquefois jusqu'à attaquer la mère qui l'a couvé.

LA FAUVETTE.

Petit oiseau qui est très-connu par la mélodie de son chant, et dont il y a plusieurs espèces. Il est plus petit que le rossignol.

La fauvette fréquente le bord des ruisseaux et fait son nid sur le bord des grands chemins, et ce nid est très-artistement tissu de crin de cheval. Elle y dépose plusieurs œufs de couleur de fer.

Toutes les espèces de fauvettes se nourrissent de mouches et de vers. Parmi celles qu'on veut élever en cage à cause de leur chant, on préfère celles qui sont à tête noire. On prend les petits six jours après qu'ils sont éclos; on les nourrit avec une pâtée faite de chenevis écrasé, de persil haché et de mie de pain arrosée d'eau.

L'OISEAU-MOUCHE.

De tous les êtres animés, voici le plus élégant pour la forme et le plus brillant pour les couleurs. Les pierres et les métaux polis par notre art ne sont pas comparables à ce bijou de la nature; son chef-d'œuvre est le petit oiseau-mouche : elle l'a comblé de tous les dons qu'elle n'a fait que partager aux autres oiseaux ; légèreté, rapidité, grâce et riche parure, tout appartient à ce petit favori ; l'émeraude, le rubis, la topaze brillent sur ses plumes ; il ne les souille jamais de la poussière de la terre ; et, dans sa vie aérienne, on le voit à peine toucher le gazon par instant ; il est toujours en l'air, volant de fleurs en fleurs ; il vit de leur nectar et n'habite que les climats où sans cesse elles se renouvellent.

La colère du lion est redoutable, terrible, mais presque toujours juste ; celle de l'oiseau-mouche est aussi plaisante à voir qu'elle est déraisonnable. Lorsqu'il ne trouve pas dans la fleur qu'il suce le miel qu'il y cherche, il devient furieux, ses plumes se hérissent, il se venge sur la fleur et la met en pièces à coups de bec. Rien n'égale en effet sa vivacité, son courage, son audace ; on le voit poursuivre avec furie des oiseaux vingt fois plus gros que lui, s'attacher à leurs corps, se laisser emporter par leur vol, les accabler de coups de bec, jusqu'à ce qu'il ait assouvi sa petite colère. Son vol rapide et bourdonnant fait entendre un bruit semblable à celui d'un rouet ; il n'a d'autre voix qu'un petit cri fréquent et répété. C'est la femelle qui seule construit son nid, de la grosseur et de la forme d'une moitié d'abricot ; elle l'attache à deux feuilles ou à un seul brin d'oranger ou de citronnier; elle y dépose deux œufs tout blancs, gros comme de petits pois, que le mâle et la femelle couvent pendant douze jours. Les petits, éclos le treizième, sont nourris par leur mère, qui leur donne à sucer sa langue toute emmiellée du suc des fleurs. Ces oiseaux se laissent approcher jusqu'à cinq ou six pas. On les tire avec du sable au lieu de plomb; on les prend aussi avec une verge enduite d'une gomme gluante; il suffit de les toucher lorsqu'ils bourdonnent autour d'une fleur. Ils meurent aussitôt qu'ils sont pris. Buffon en compte vingt-quatre variétés, plus brillantes les unes que les autres. Il donne à ces diverses espèces les noms qu'indique naturellement leur plumage, ceux des pierres précieuses dont il imite les couleurs : le rubis, l'éméthyste, le rubis topaze, le saphir, l'émeraude, l'escarboucle, etc. D'autres sont distingués par la diversité de leur forme.

L'Amérique paraît être la patrie unique de ce charmant oiseau; encore n'en habite-t-il que les contrées les plus chaudes. Si quelques-uns s'avancent en été dans les zones tempérées, ils n'y font qu'un court séjour. Ils semblent suivre le soleil, s'avancer, se retirer avec lui et voler sur l'aile des zéphyrs à la suite d'un printemps éternel.

LE MARTIN-PÊCHEUR.

C'est un des plus jolis oiseaux qui se voient

dans nos climats ; il est à peu près de la grosseur d'une alouette ; la partie supérieure de la tête et du cou est d'un vert foncé ; le milieu du dos et le croupion, les couvertures du dessus de la queue, sont d'un bleu d'aigue-marine ; les côtés du dos, les plumes et les petites couvertures du dessus des ailes sont d'un vert foncé.

Cet oiseau ne se pose presque point à terre ; ses jambes sont trop courtes. Il se nourrit de petits poissons, qu'il saisit avec adresse en rasant la surface de l'eau. Lorsque son estomac a bien digéré les chairs et extrait tout le suc nourricier, le martin-pêcheur a, comme les oiseaux de proie, l'avantage de rejeter les écailles, épines, arêtes, nageoires. Ses besoins lui font faire le choix de son domicile : c'est auprès des eaux qu'il se fixe. La femelle va pondre dans un trou de rat d'eau ou d'autres petites bêtes, sur le rivage ; son nid est souvent à plus de deux pieds de profondeur et est composé de fleurs de roseaux, qui sont très-douces. Elle pond cinq à six œufs. Il est probable que les bêtes dévorent souvent ces couvées si mal placées ; car cet oiseau n'est pas commun.

LE TOUCAN.

Le plumage du toucan est ordinairement d'un beau noir changeant en vert. Les couleurs de la gorge et de la poitrine varient dans les différentes espèces. Il y en a au Brésil dont la poitrine est d'un bel orangé ; d'autres ont la gorge jaune et la poitrine rouge. Celui de Cayenne est remarquable par la variété des couleurs : sa gorge est blanche, sa poitrine jaune, et un rouge éclatant relève la beauté de son plumage.

Malheureusement pour la beauté de son corps, il a une tête fort grosse et un bec énorme, qui lui sont sans doute fort utiles, mais qui le défigurent singulièrement. Ce bec, qui est d'une très-grande force, lui sert à creuser son nid dans le tronc des arbres ; sur ses bords il est dentelé comme une scie, ce qui est fort commode pour prendre le poisson dont l'oiseau se nourrit, mais seulement quelquefois ; car il mange aussi des graines, du raisin, du poivre surtout, dont il retient adroitement les grains quand on lui en jette. On peut le nourrir comme le perroquet.

Le toucan s'apprivoise aisément ; il se familiarise avec les poules, vient quand on l'appelle et demeure volontiers dans une basse-cour ; mais il ne peut s'élever dans les pays froids. Sa chair est d'un violet foncé. Son cri l'a fait nommer au Brésil *tacu-taca*. Les sauvages garnissent leurs épées et leur coiffure de ses plumes, surtout au Pérou, où il les a très-belles.

De quelques Oiseaux Imantopèdes et Palmipèdes.

Les imantopèdes sont ceux qui, ne pouvant se promener sur les eaux, ni se plonger dans leur sein, et ayant besoin d'y chercher leur nourriture, ont reçu de longues jambes et de longues cuisses pour pouvoir s'avancer au loin; la plupart de ces oiseaux ont aussi un long cou pour atteindre au fond des eaux, et un long bec, souvent dentelé, pour mieux saisir le poisson.

Les palmipèdes sont ceux qui, devant vivre sur le sein des eaux, ont reçu de la nature des pieds propres à avancer sur cet élément, des espèces d'avirons que l'oiseau agite comme il lui plaît; ces avirons sont composés des doigts de l'oiseau, unis entr'eux par une membrane assez lâche pour être utile à la natation et ne pas gêner la marche. Les oies, les cygnes, les canards et tous les oiseaux qui ont de ces sortes de pieds, s'appellent *palmipèdes*.

LE VANNEAU.

Le vanneau est à peu près de la grosseur d'un pigeon ordinaire; le sommet de sa tête est d'un noir qui prend un certain lustre de vert. De l'occiput sortent des plumes noires de longueur inégale, qui forment une jolie crète recourbée en arrière. Son bec est droit et renflé vers le bout. Le dessus du corps est d'un beau vert doré, avec des bords blanchâtres. Le dessous du corps est blanc. La femelle est plus petite que le mâle et a la huppe plus courte.

Cet oiseau se plaît dans les lieux humides, marécageux, et s'y nourrit de vers et d'insectes. Son vol, quoique vif et léger, est accompagné de bruit. Chaque couple vit ensemble pendant l'été. La femelle construit à terre un petit nid, y pond cinq ou six œufs, d'un jaune sale, marqués de raies noires. Va-t-elle aux champs, elle les recouvre de paille, pour les mettre à l'abri de tout danger. Dès que les petits sont éclos, toute la famille se met à trotter et va à la picorée, sous la conduite de la mère, comme les perdreaux et les poulets. Dans l'hiver, ces oiseaux se réunissent en troupes; on les prend alors au filet. Si l'on en tue quelqu'un au fusil, tous les autres volent autour du chasseur, ne s'en écartent qu'avec peine et lui livrent une victoire facile. Les vanneaux privés et élevés dans un jardin en détruisent les chenilles et autres insectes. Leur chair est assez délicate.

LA BÉCASSE.

La bécasse, si connue sur nos tables, est un peu moins grosse que la perdrix; elle est pourvue d'un long bec obtus par le bout. Le roux, le noir et le cendré forment sa couleur.

En été la bécasse habite les hautes montagnes

limitrophes de la France ; en hiver elle descend dans nos provinces. Cet oiseau fréquente les bois humides et les ruisseaux, où il vient, soir et matin, se nourrir de vers ; son vol est lourd. La vitesse avec laquelle il trotte le dérobe à la vue et au fusil du chasseur. Il est facile de le prendre au filet et au lacet. Rarement il pond en France.

LE PÉLICAN.

Cet oiseau se trouve en Afrique et en Amérique. Triste, mélancolique, lent à se remuer, à l'aide de ses grandes ailes il s'élève dans les airs, au point de ne pas paraître plus gros qu'une hirondelle. On l'apprivoise aisément. L'empereur Maximilien en avait un qui l'accompagnait, même à l'armée. Ce pélican a vécu quatre-vingts ans. Le sommeil et la pêche partagent la vie de cet oiseau paresseux. Il passe presque tout le jour à dormir, perché sur des branches d'arbres, la tête appuyée sur son long et large bec, qui porte sur d'autres branches. Eveillé par le besoin, il prend son essor, vole très-haut. S'il aperçoit du poisson vers le bord des rivières et de la mer, il tombe à corps perdu. Ce mouvement, joint à l'agitation des ailes, étourdit le poisson, qui se laisse prendre. Il est reçu dans une large poche que la nature a placée sous la gorge du pélican. C'est dans ce havre-sac que l'animal fait sa provision de vivres pour lui et ses petits. La femelle pond quatre ou cinq œufs sur terre, quelquefois à quarante lieues de la mer. On prétend qu'il y en a une espèce, dans le royaume de Loango en Afrique, qui se saigne pour nourrir ses petits. La chair du pélican est dure et de mauvais goût. La mécanique et la forme du bec de cet oiseau sont surtout dignes d'attention. Le pélican qui parut à Paris en 1750 avait le bec si large, que la tête d'un homme y entrait aisément.

LE CORMORAN.

Le cormoran est de la grosseur d'une oie; il a la poitrine et le ventre cendrés, et le corps noirâtre. Son bec est long, crochu à l'extrémité; ses bords sont tranchants; il s'en sert habilement pour attraper et retenir le poisson. Il habite le bord des étangs, des lacs, des mers. On distingue la grande et la petite espèce. Celle-ci se trouve en Prusse, en Hollande. Cet oiseau ne vit que de poissons; aussi la nature l'a-t-elle organisé pour être un excellent pêcheur. Il plonge, vogue sous l'eau avec une vitesse incroyable. Cet avantage lui vient de ce que ses quatre doigts sont unis par une membrane, au lieu qu'il n'y a que trois doigts d'unis dans les autres palmipèdes. L'ongle du second doigt est dentelé comme une scie. Le cormoran en retient plus facilement le poisson dont les écailles sont glissantes. Ses pattes sont tournées en dedans, au contraire des autres oiseaux qui nagent. Il tient sa proie dans une patte ; l'autre, qu'il peut placer directement sous le ventre, fait l'effet du gouvernail ; elle seule le conduit à bord. Il saisit aussi le poisson avec son bec courbé et tranchant. S'il l'attrape par derrière ou sur les côtés, comme les nageoires et les crêtes des écailles pourraient l'empêcher d'entrer dans son gosier, il jette le poisson en l'air, lui fait faire un demi-tour : le poisson retombe la tête première, et l'oiseau le reçoit avec adresse dans son large gosier.

L'homme industrieux a su profiter des talents du cormoran. On en a fait à la Chine d'excellents pourvoyeurs. On les dresse à la pêche, comme nous dressons nos chiens à la chasse. Un seul conducteur commande à un cent de ces oiseaux. On les place sur les bords d'un bateau ; on va au lieu de la pêche : le signal donné, ces oiseaux partent, se dispersent, cherchent tantôt au fond des eaux, tantôt à la surface, voguent, plongent avec rapidité. Chacun saisit sa proie, la rapporte à son maître. Ils se réunissent plusieurs, poursuivent un gros poisson, le prennent et tous de concert le ramènent à la barque. On leur présente des perches pour monter. Ils ne quittent point leur proie qu'elle ne soit entre les mains du conducteur. Pour ne pas les laisser succomber à la tentation de manger le poisson de la pêche, on leur passe un anneau par le cou. Autrement, étant rassasiés, ils n'auraient plus ni ardeur, ni courage. C'est ainsi qu'on dresse quelquefois des loutres pour la pêche. Quoique le cormoran ne se nourrisse que de poisson, sa chair n'est pas bien bonne.

LE PLONGEON.

Cet oiseau aquatique a, comme les canards, de la peine à marcher, à cause de la position de ses pieds. Il y a des plongeons de mer et des plongeons de rivière ou d'étang. Le petit plongeon de mer est d'une saveur et d'une odeur désagréables. Il a plus d'agilité dans l'eau que sur terre. Il ne s'élève guère au-dessus de l'eau, qu'il ne se replonge après avoir regardé de tous côtés. Cependant, dès qu'il a pris son essor, il vole fort longtemps.

En Laponie, l'on se coiffe et l'on fait des cordons de chapeau avec la peau du grand plongeon de mer de Terre-Neuve. Le plongeon huppé et le grand plongeon tacheté méritent d'être remarqués. Celui de la Louisiane a l'instinct de se plonger dès qu'il aperçoit la lumière du fusil.

LES POISSONS.

Des Poissons en général.

Le poisson est un animal sanguin, qui vit continuellement dans l'eau et n'en sort jamais volontairement, qui n'a point de pieds, mais des nageoires; couvert d'écailles ou d'une peau unie et sans poil; qui respire ou par les poumons ou par les ouïes et qui n'a qu'un ventricule.

On peut considérer les poissons sous une multitude de points de vue, tous plus intéressants les uns que les autres, soit que l'on envisage la variété immense de ceux de mer ou d'eau douce, soit qu'on examine leur organisation, les aliments si variés par la saveur de leur chair qu'ils nous procurent, et l'utilité infinie dont plusieurs sont pour les besoins de la vie.

Les eaux des fleuves, des rivières, des lacs, des étangs, sont remplies d'une multitude de poissons qui varient pour la forme, pour la couleur, pour le goût. Le bassin immense des mers en contient d'autres, dont le nombre est immense et varie à l'infini; les uns sont monstrueux en grosseur et vivipares; les autres sont cartilagineux; d'autres sont épineux, c'est-à-dire que leurs nageoires sont garnies d'aiguillons.

On voit surtout avec étonnement et avec admiration que des poissons de mer, qui se nourrissent d'une eau dont le goût est insupportable, qui est chargée de sels si inhérents, que les filtrations ne peuvent les en séparer, ont cependant une chair délicieuse, et que bien des gens préfèrent aux volailles les plus exquises.

Lorsque l'on considère un poisson, on est d'abord arrêté par sa forme extérieure ; on remarque ses nageoires et sa queue, à l'aide desquelles il rame et exécute tous les mouvements qui lui sont nécessaires; on le voit s'élever, s'abaisser, agiter ses ouïes d'un mouvement continuel. Tout le jeu de cette mécanique pique la curiosité.

Le poisson est recouvert d'écailles artistement arrangées; elles servent à le garantir et à conserver toute la flexibilité de son corps. Tous les poissons, plus encore ceux de la mer que ceux des rivières, sont enveloppés d'un enduit gras et huileux, qui les rend d'une souplesse infinie et d'ailleurs très-propres à passer par les lieux les plus étroits.

La forme des poissons, étant toujours un peu aiguisée par la tête, les rend propres à traverser le liquide des eaux ; la queue, par son impulsion alternative de droite et de gauche, fait avancer l'animal en ligne droite ; ses nageoires, placées sous le ventre, servent aussi un peu à repousser l'eau pour faire avancer le corps et l'arrêter ensuite, quand le poisson les étend sans les remuer. Mais leur principale fonction est de diriger les mouvements du corps en le tenant en équilibre ; en sorte que si l'animal joue des nageoires qui sont à droite, et qu'il couche sur son corps celles qui sont à gauche, tout le mouvement est aussitôt déterminé vers la gauche; de même qu'un bateau à deux rames, si l'on cesse d'en faire jouer une, tournera toujours du côté où la rame n'est plus appuyée contre l'eau. Otez les nageoires au poisson, le dos, qui est plus pesant que le ventre, n'étant plus tenu en équilibre, tombe sur un côté, ou descend même dessous, comme il arrive aux poissons morts, qui viennent sur l'eau les nageoires en haut.

On voit le poisson monter, descendre, se tenir dans les eaux à une hauteur quelconque; c'est à l'aide d'une vessie d'air qui est dans son corps qu'il exécute tous ces mouvements. Suivant qu'il enfle ou qu'il resserre cette vessie, il s'élève ou il descend, parce que son corps devient plus gros ou plus petit, son poids restant toujours le même. Ainsi l'on peut regarder la queue, les nageoires et la vessie des poissons comme autant d'avirons, de rames et de voiles.

C'est par le moyen des muscles que le poisson resserre ou élargit sa vessie : s'il les relâche, l'air les dilate par son ressort naturel, et la vessie s'enfle; s'il les resserre, l'air se comprime, et la vessie devient plus petite. Quand par quelque accident cette vessie est percée ou déchirée, le poisson s'enfonce et ne peut plus ni se soutenir dans l'eau, ni s'élever; mais ce dommage ne cause point la mort à l'animal.

Les ouïes que l'on remarque dans les poissons ovipares sont leurs véritables poumons, les organes de leur respiration; ils sont construits de manière à pouvoir extraire de l'eau l'air nécessaire à la respiration.

Le poisson avale l'eau continuellement par la bouche (c'est son inspiration), et il la rejette par les ouïes (c'est son expiration); c'est dans ce passage que le sang s'abreuve d'air.

Parmi les poissons, il y en a qui ont les mâchoires armées de dents; il s'en trouve même qui les ont munies de trois ou six rangs, tels que le requin; d'autres n'ont point de dents enracinées dans les mâchoires, tels que la tanche, la carpe, le barbeau; mais elles sont situées dans la voûte charnue du palais ou dans de petits os placés à l'entrée de l'œsophage; d'autres, tels que l'alose, n'en ont point du tout, ni aux mâchoires, ni dans toute l'étendue du palais et des parties voisines de l'entrée de l'œsophage, à moins qu'on ne veuille donner le nom de dents à certaines petites inégalités en forme de scie que l'œil voit à peine, mais que l'on sent au tact à l'extrémité des lèvres supérieures.

Le nombre des œufs que donnent les poissons est prodigieux. On a calculé ceux que pouvait donner une morue, et on a trouvé pour total neuf millions trois cent quarante-quatre mille œufs. Quelle fécondité ! mais aussi quelle destruction ! combien de ces œufs sont dévorés ! combien de petits poissons sont detruits ! C'est ainsi que se conserve la balance dans les productions des êtres animés.

Quoiqu'il ne soit pas facile de découvrir l'organe de l'ouïe des poissons, il est cependant démontré qu'ils entendent. La preuve en est que dans certains lieux on habitue les poissons à se rendre au son d'une cloche pour venir prendre la nourriture qu'on leur jette. On a même observé que les sons vifs l'emportent sur les sons graves, lorsqu'il s'agit de mettre les poissons en mouvement. Dans les poissons qui respirent, tels que la baleine, le dauphin, il n'est point difficile de suivre la route du conduit auditif extérieur de ces animaux ; mais dans ceux qui n'ont pas de poumons ni d'oreilles, l'organe où réside le sens de l'ouïe est plus difficile à découvrir. On est fort indécis si ces derniers n'entendent pas par le sentiment du tact excité par l'agitation de l'air communiquée à l'eau.

Si les vicissitudes de l'air, comme le prétend

le chancelier Bacon, sont la principale cause de la destruction des êtres vivants, il est certain que les poissons, étant de tous les animaux ceux qui sont le moins exposés, doivent durer beaucoup plus que les autres; mais ce qui contribue encore à la longue durée de leur vie, c'est que leurs os sont d'une substance plus molle que celle des autres animaux. Ils ne se durcissent point; ils ne changent presque point avec l'âge; leurs arêtes s'allongent, grossissent et prennent de l'accroissement sans prendre de solidité, du moins sensiblement. Mais une chose qui concourt beaucoup à abréger la vie des poissons, c'est quand ils sont obligés d'habiter sous les glaces. Il y en a même qui périssent faute d'air extérieur, tels que les cétacés.

On a aussi remarqué que les poissons qu'on touche avec les mains ou qu'on tourmente trop dans les étangs, meurent. Ces animaux en général craignent le bruit des armes à feu, le tonnerre, les orages, la fumée de la poix et du goudron.

Les poissons se livrent des guerres entr'eux; les faibles deviennent la proie des forts. On en voit des bancs entiers forcés de quitter, par une loi naturelle, les abîmes de l'Océan, où ils sont en sûreté, pour approcher des rivages où on leur tend des piéges; d'autres ne fuient pas le milieu des mers seulement pour éviter la poursuite des cétacés; mais ils se sauvent vers les côtes, étant chassés par les troupes de plongeons ou de mauves qui volent sur la surface des eaux ; c'est alors qu'ils viennent tomber dans les filets des pêcheurs. D'autres, tels que les morues et les harengs, passent d'un promontoire à l'autre et marchent comme des armées; leur marche est réglée; ces poissons paraissent dans des temps marqués, le long de certaines côtes, attirés par une multitude de vers et de petits poissons qui habitent ces endroits.

Des Poissons d'eau douce.

LA CARPE.

Ce poisson habite les lacs, les étangs, les rivières. La nature des eaux et des aliments donne plus ou moins de délicatesse à sa chair. Les carpes de la Saône, de la Seine, et surtout de la Loire, sont très-estimées. Celles d'étangs sont inférieures en qualité. Cependant on fait un cas singulier des carpes de l'étang de Cummières, près de Boulogne. On pêche dans quelques rivières des carpes qui, à l'extérieur, ressemblent à la carpe ordinaire, mais dont la chair est rougeâtre, ferme, et tient de celle du saumon. On les nomme *carpes saumonées*. Les carpes deviennent très-grosses, blanchissent de vieillesse. On observe avec plaisir celles des canaux de Chantilly, de Fontainebleau. Ce poisson est si fin et si rusé, qu'on le pêche difficilement, à moins de mettre les viviers à sec. A l'approche du filet, il enfonce la tête dans la bourbe, laisse passer le filet et ne reparaît que lorsqu'il n'y a plus de danger. La reproduction est proportionnée à sa destruction. Une carpe femelle pond une quantité d'œufs qui paraît innombrable. On les a cependant soumis au calcul. On en a pesé avec exactitude dans une balance un certain nombre. Par la comparaison, l'on a reconnu que la carpe de grosseur moyenne pondait deux cent quarante-un mille cent quarante œufs, ou environ ; ce n'est qu'à raison de ce nombre prodigieux qu'il peut en échapper à la voracité des autres poissons. L'air peut devenir pendant quelque temps l'élément de la carpe. Pour les manger plus grasses, plus délicates, on les suspend dans un filet rempli de mousse, dans un lieu frais ; on les nourrit avec de la mie de pain et du lait.

LE BROCHET.

Le brochet est un poisson fort connu sur nos tables ; il est très-nuisible dans les étangs poissonneux, par sa voracité. Le brochet, qu'on appelle le *lion des étangs*, est si goulu, qu'il saisit quelquefois par la tête un poisson presque aussi gros que lui, l'avale à moitié et, sans lâcher prise, digère cette partie, puis avale le reste, qu'il digère de même. Pour satisfaire sa gourmandise, on le voit quelquefois en embuscade contre le courant de l'eau, prêt à fondre sur le premier poisson qui osera passer. On dit que, pour éviter les aiguillons de la perche, il la prend en travers et l'étouffe. Le frai des carpes est pour lui un mets friand.

La fécondité du brochet est merveilleuse; on a compté dans une femelle jusqu'à cent quarante-huit mille œufs. Elle s'eloigne, pour les dérober à la gourmandise des brochets mâles ou autres poissons.

Les brochets les plus beaux ont trois coudées de longueur. Ils vivent longtemps, témoin celui de Frédéric II, qu'on dit avoir été reconnu au bout de deux cent soixante-deux ans par un anneau d'airain.

Le brochet est un des poissons qui a l'ouïe la plus subtile. Il y en avait un au vivier du Louvre, du temps de Charles IX, qui, quand on criait : *Lupule*, *Lupule*, se montrait et venait prendre le pain qu'on lui jetait.

Les lacs et les grandes rivières fournissent les plus beaux et les meilleurs brochets. On peut les laisser flotter sur les étangs dans des caisses de bois, en prenant soin de les nourrir.

L'ANGUILLE.

Ce poisson est allongé comme un serpent,

revêtu d'une peau glissante, sans écailles apparentes. Il n'habite guère que le fond des eaux : s'il s'élève à la surface pour respirer, ce n'est qu'à l'approche des orages. On est assez porté à croire qu'il n'y a qu'une seule espèce d'anguille, qui habite également l'eau douce ou la mer. Les différences qu'on observe entr'elles en grandeur, en couleur, ne dépendent que de la diversité des lieux, de la nourriture ou d'autres accidents. On dit qu'il y a des anguilles dans le Gange qui ont jusqu'à trente pieds de longueur. En 1754, on en prit une près des roches de Dunlay, en Irlande, qui avait exactement huit pieds de long. Cet animal a beaucoup de vie; son corps écorché et coupé par morceaux remue pendant un certain temps, surtout son cœur.

Des Poissons de mer.

L'ESTURGEON.

Ce poisson n'est bon et délicat à manger que lorsqu'il remonte dans les eaux douces et qu'il y a séjourné quelque temps. On en voit quelquefois qui pèsent jusqu'à deux cents livres. On ne peut le pêcher qu'au filet. Il ne mord point à l'hameçon. Sa bouche est si petite, qu'il ne fait que sucer et se nourrir de petits insectes; aussi est-il passé en proverbe de dire : *Frugal comme un esturgeon*. Sur la Garonne, la pêche commence dès le mois de février et dure jusqu'en août, et même plus tard, suivant la température de la saison. Les pêcheurs, à mesure qu'ils les prennent, leur passent une corde qui traverse les ouïes et la gueule et les attachent à leurs bateaux; ils peuvent les conserver ainsi vivants pendant plusieurs jours. Lorsqu'ils en ont une certaine quantité, ils les apportent à Bordeaux; mais ils ont grand soin, en transportant ce poisson, de lier sa tête avec sa queue. Cette queue est si nerveuse, que d'un seul coup le poisson pourrait casser la jambe ou la cuisse de ceux qui en approcheraient sans précaution. L'esturgeon est estimé comme très-délicat.

LE HARENG.

Le hareng est un poisson de passage connu sur nos tables. Il fait sa résidence dans les mers du Nord, et peut-être sous les glaces, pour se dérober à la poursuite des baleines. C'est de là que descendent des peuplades qui, tous les ans, parcourent l'Océan et viennent fournir une abondante nourriture aux différents royaumes voisins de la mer. Ces poissons, réunis et, pour ainsi dire, entassés les uns sur les autres, forment par troupes des espèces de bancs flottants dans les eaux. Leur grand nombre fait quelquefois obstacle au passage des vaisseaux. Ils se mettent en voyage au commencement de l'année, se partagent en plusieurs colonnes précédées chacune par un roi ou conducteur plus gros que les autres, à qui les pêcheurs font grâce, par reconnaissance, en le rendant à la mer. Ils arrivent vers nos côtes au mois de mai, continuent leur route avec beaucoup d'ordre. Si le passage est étroit, comme le long de la Manche, la colonne s'allonge aux dépens de la largeur. Leur marche n'est pas ralentie par cette évolution. Ils ne séjournent vers les côtes qu'autant qu'ils y trouvent de petits vers, crabes et poissons, dont ils se nourrissent. Les différentes colonies se réunissent à un temps et dans un lieu déterminés. Enfin, elles disparaissent et vont regagner leur ancienne habitation. Les harengs ont quantité d'ennemis, et ce n'est qu'à raison de leur nombre que quelques-uns se sauvent de la conjuration formée contre eux par les habitants de la terre, de la mer et de l'air; mais il n'est point d'écueil pour eux plus fatal que les filets des Hollandais. Ceux qui échappent à l'avidité de cette nation commerçante deviennent la proie des autres pêcheurs européens. La pêche du hareng est plus facile la nuit que le jour; on ne les distingue dans le jour que par l'agitation et la noirceur de la mer. La nuit ils sont lumineux; une lanterne allumée les attire, et c'est ainsi qu'on les conduit à l'embuscade qu'on leur a tendue. Quand une fois la tête de ces colonnes s'est introduite dans les filets, on en prend des quantités prodigieuses. Les pêcheurs hollandais savent mieux que ceux des autres nations préparer ce poisson pour le conserver et le vendre dans toute l'Europe. Ils lui coupent les ouïes à mesure qu'ils le prennent, l'encaquent dans un tonneau de bois de chêne, sur un lit de gros sel d'Espagne. Ils ne manquent pas d'arranger le jour ce qu'ils ont pris la nuit. On appelle *hareng frais* ou *hareng blanc* celui qui se mange frais ; *hareng pec*, celui qui se mange crû après avoir été dessalé ; *hareng sauret* ou *saur*, celui qu'on a fait sécher à la fumée.

LE MAQUEREAU.

C'est vers le printemps qu'il nous vient des glaces du Nord des myriades de maquereaux. Le gros de l'armée envoie des détachements de côté et d'autre. Le rendez-vous général est marqué; on s'en retourne tous ensemble et en bon ordre, dans les froides régions d'où l'on est parti. C'est pendant la marche que font chaque année ces poissons, que les pêcheurs de France et d'Angleterre les attendent au passage avec leurs filets. Ceux que l'on ne mange pas frais sont *paqués* dans des barils, avec de la saumure, pour être transportés loin des côtes de la mer.

LA MORUE.

Ce poisson, qui abonde dans les mers du Nord, est peu fréquent dans nos mers. On en distingue de plusieurs espèces. La grande morue se pêche au banc de Terre-Neuve, dans la baie du Canada, au banc Vert, à l'île Saint-Pierre. Mais c'est surtout devant l'île de Sable que se fait, au mois de février, la grande pêche des morues. La quantité de ces poissons est telle dans ce lieu, que les pêcheurs qui s'y rassemblent de toutes les nations sont occupés depuis le matin jusqu'au soir, pendant environ deux mois que dure cette pêche. Tout le monde travaille : les uns pêchent, d'autres éventrent le poisson, d'autres le salent, d'autres l'empilent dans les vaisseaux. Pour peu que la pêche soit favorable, un seul homme peut prendre jusqu'à trois ou quatre cents morues en un jour. Ce poisson est très-vorace; on le prend à l'hameçon; on y met pour appât les entrailles d'une autre morue dépecée. Il est si glouton, qu'il se prend même à l'appât d'un simple hareng de ferblanc. L'hameçon n'est pas plus tôt jeté, que la morue y mord.

La pêche de la morue est sans contredit un des plus grands objets de commerce, ainsi qu'une des preuves les plus éclatantes de la Providence, qui fait abonder ce poisson dans les pays septentrionaux, où la terre ne produit point de froment, à cause du trop grand froid et de l'inclémence de l'air. Non-seulement les habitants de ces pays se nourrissent de ces poissons, tant frais que séchés, mais ils en vendent encore une très-grande quantité à des marchands étrangers qui les transportent dans l'intérieur de l'Europe. Quelque grand que soit le nombre des morues qui sont consommées chaque année ou dévorées en mer par d'autres animaux, ce poisson multiplie si fort, que ce qui en reste est suffisant pour nous en redonner un pareil nombre l'année suivante. On a trouvé que la somme des œufs que porte une morue ordinaire est de neuf millions trois cent quarante mille.

LE ROUGET.

Le rouget est un poisson charnu, connu dans les poissonneries de Marseille sous le nom de galline. Les nageoires de son dos se redressent lorsqu'il nage. L'hiver il se tient en pleine mer; il fréquente le rivage pendant l'été. C'est un mangeur de petits poissons. Sa chair est ferme, sèche et de bon goût. Le rouget de Languedoc porte plus souvent le nom de grognant, parce que, étant pris, il grogne comme le cochon.

LE POISSON VOLANT.

On a donné ce nom à plusieurs espèces de poissons, tels que le milan marin ou faucon de mer, l'hirondelle de mer, le muge volant, l'exocet ou adonis, etc.; enfin, à tous les poissons qui, à l'aide de leurs nageoires larges et membraneuses, s'élèvent hors de l'eau et volent quelque temps en l'air. Ils habitent entre les deux tropiques et ne trouvent d'autre moyen de se dérober à la voracité des dauphins et des goulus de mer, que de s'élancer hors de l'eau. Tant que leurs ailes ou nageoires sont mouillées, ils se soutiennent assez bien en l'air; mais lorsqu'elles sont desséchées, ils sont contraints de replonger dans leur élément. Ils sont poursuivis dans les airs par les oiseaux de proie, qui sont aussi redoutables pour eux que les gros poissons. Pour les éviter, ils rentrent dans la mer, quelquefois se posent sur les vaisseaux. La chair de ces poissons est très-estimée.

LE PORC MARIN.

Le porc marin est un poisson dont les écailles sont très-dures et tiennent tellement à la peau, qui est impénétrable, que les ébénistes et les menuisiers s'en servent pour polir le bois. Ses dents sont fortes et aiguës, ses yeux sont ronds. Son cri est un grognement qui ressemble beaucoup à celui du cochon de terre, d'où lui a été donné le nom de porc marin. Sa chair est de mauvaise odeur et difficile à digérer.

LA LUNE DE MER.

En voyant pour la première fois un poisson de cette espèce, on serait tenté de croire qu'il a été tronqué et qu'il lui manque la partie de derrière. Son nom de lune lui vient ou de la figure de l'extrémité de son corps entre les nageoires, qui représente assez bien la lune dans son croissant, ou plutôt de ce que quelques parties de son corps brillent d'une manière éclatante dans la nuit. Les Anglais le nomment *poisson-soleil.*

Sa chair est blanche et molle, et tous ses os sont tendres et cartilagineux.

LE CHIEN DE MER.

On donne ce nom à beaucoup d'espèces de poissons de mer. En général le chien de mer est un cruel animal, l'ennemi de tous les poissons; il leur fait la chasse à force ouverte, attend sa proie dans les lieux serrés entre les rochers, où il la dévore. Le chien de mer des Provençaux est l'aiguillat. Son corps est long, sans écailles et cendré; sa peau est rude et grainée. On en fait usage pour polir les ouvrages de menuiserie. On en couvre aussi des boîtes.

LA BALEINE.

Il y a plusieurs espèces de baleines. Leur caractère commun est d'avoir le sang chaud, de respirer à l'aide des poumons, d'avoir la queue couchée horizontalement et d'avoir sur la tête une ou deux ouvertures, appelées évents, par lesquelles elles rejettent l'eau qu'elles ont avalée. Leur organisation intérieure, semblable à celle des quadrupèdes, exige qu'elles viennent souvent à la surface de la mer pour respirer l'air. Elles renferment cette provision d'air dans un large et gros intestin qui leur sert de magasin. C'est en le dilatant ou en le comprimant qu'elles se rendent à leur gré plus légères ou plus pesantes, s'élèvent à la surface des eaux ou descendent dans leur profondeur. Celles qui habitent la mer du Nord se tiennent cachées sous les glaces. La graisse dont elles sont abondamment pourvues défend chez elles la circulation du sang des impressions du froid. Pour respirer elles cassent avec leurs têtes les endroits les plus transparents de la glace. La nourriture de ces poissons, qui ont au moins cent pieds de long, consiste en petits vers, insectes, harengs et autres poissons de cette nature. La femelle a deux mamelles à la partie antérieure du corps. Elle porte son fruit neuf à dix mois; le baleineau, gros et grand comme un taureau, tète pendant un an; le lait de la baleine est comme celui de la vache. Sa tendresse pour ses petits redouble dans le danger. Elle les embrasse de ses nageoires. Sa masse énorme fend avec une vitesse incroyable les flots de la mer. La pêche d'un poisson si monstrueux est difficile et périlleuse. Les Hollandais envoient en février et en mars trois ou quatre cents navires entre le détroit de Davis et les côtes de l'Amérique. Un des navires s'avance jusqu'au lieu du passage des baleines. Un matelot, du haut du mât, fait signe lorsqu'il en voit une. Les chaloupes approchent. Le plus hardi pêcheur se place sur le devant de la chaloupe, lance un harpon de six pieds de long sur l'endroit le plus sensible de la baleine. La chaloupe aussitôt s'éloigne; le harponneur lâche à mesure la corde qui tient un harpon, suit de loin la baleine furieuse, et, s'étant fait conduire du côté opposé à la queue de la baleine et à ses nageoires, qui donnent des coups mortels, il saisit le moment où elle vient respirer l'air pour achever de la tuer. Cela fait, on l'attache avec des chaînes de fer aux côtés du bâtiment; les charpentiers, chaussés de bottes dont les semelles sont garnies de crampons en fer, se mettent à la dépecer. Les sauvages de l'Amérique prennent moins de précautions pour cette pêche. Ils se mettent à la nage, vont au-devant de la baleine, se jettent sur son cou. Lorsqu'elle a lancé son premier jet d'eau, ils enfoncent à coups de massue un tampon de bois dans un des évents, suivent, sans lâcher prise, la baleine qui se plonge au fond de la mer, et lorsqu'elle vient pour respirer, ils bouchent l'autre évent de la même manière.

L'eau, qu'elle ne peut plus évacuer, l'étouffe. On trouve quelquefois sur la baleine des plantes et coquillages. L'on en pêche en Groënland qui ont jusqu'à deux cents pieds de long. La tête fait le tiers de leur masse. Leur langue est un morceau de graisse dont on remplit plusieurs tonneaux. Leur mâchoire est garnie de barbes ou fanons, qui servent à faire des buscs, des parasols, etc. Leur queue, couchée horizontalement, leur sert à la fois de rame et de défense. Le navire qu'elles en frappent est quelquefois submergé. Tout est mis à profit dans la baleine. La pêche de ce poisson produit chaque année aux Hollandais des sommes considérables.

LE LIÈVRE MARIN.

On donne ce nom à deux poissons de mer, dont l'un, fort connu en Languedoc, se plaît dans la bourbe; l'autre est fort commun dans l'Océan Britannique. On en voit dans les marchés de Londres; on le sert sur les tables. Il est épais et d'une figure uniforme. Les nageoires de son ventre, réunies par les extrémités, lui servent à s'attacher contre les rochers ou au fond de la mer, pour résister à la violence des flots.

DES CRUSTACÉS.

On entend par crustacés des animaux couverts d'une croûte dure par elle-même, mais molle en comparaison des écailles ou coquilles pierreuses des *testacés*. Les crustacés forment un ordre entre les *insectes* et les *coquillages* ; on les divise en trois genres, dont le premier comprend ceux qui ont le corps allongé, tels que les *écrevisses*, les *homards*, les *langoustes*, les *crevettes* ou *squilles*, etc. Le second renferme ceux dont le corps est large et évasé, tels que les *crabes* ; et le troisième, ceux dont le corps est arrondi ou en forme de cœur, tels que les *cancres*.

Les crustacés n'ont ni sang ni os ; on leur distingue une tête, un estomac, des pieds, des bras, des antennes, un ventre et des intestins. La tête et le ventre de ces animaux sont immobiles et tiennent avec tout le corps. Leurs yeux sont situés au-dessus de la bouche ; leur tête est armée de deux petites cornes qui leur servent peut-être moins à se défendre contre leurs ennemis qu'à sonder leur route ; ils ont huit pieds et deux espèces de bras pour saisir leur proie ; leur chair est rougeâtre. Ce qui est très-étonnant, c'est que, lorsque ces animaux perdent quelques membres, il leur en revient d'autres à la place. Les membres reproduits nouvellement, qui ont déjà acquis la forme des anciens et qui y suppléent dans toutes leurs fonctions, sortent tout entiers et tout à la fois de leur fourreau. On a observé que les extrémités rompues se reproduisent quelquefois doubles. Tous les crustacés changent de peau une fois par an.

L'ÉCREVISSE.

Il y a plusieurs sortes d'écrevisses; celles de mer, qu'on nomme homards, langoustes, etc., et celles de rivière; c'est à cette dernière qu'on conserve le nom d'écrevisse. Elle naît dans les rivières ou dans les ruisseaux d'eau courante; c'est avec sa queue qu'elle nage et qu'elle avance sur la terre, mais à reculons. On observe que les crustacés qui ont cette démarche sont conformés différemment que les autres animaux, en ce que les écailles qui leur tiennent lieu d'os sont en dehors, au lieu d'être en dedans. Les écrevisses pondent des œufs par deux ouvertures qu'elles ont sous le ventre; cette ponte se fait au commencement de l'hiver. C'est en été que se fait la mue. Cette opération de la nature dans cet animal est digne de remarque, ainsi que l'avantage qu'il a de revoir pousser un membre rompu par quelque accident.

« Par cette mue, l'écrevisse se dépouille

non-seulement de sa robe écailleuse, mais aussi de toutes les parties osseuses et cartilagineuses ; elle sort de son écaille et la laisse entièrement vide; elle cesse de prendre de la nourriture solide quelques jours d'avance; alors, si on appuie le doigt sur l'écaille, elle plie, ce qui prouve qu'elle n'est plus soutenue par les chairs. Quelques moments avant cette mue, l'écrevisse s'agite très-vivement, elle frotte ses jambes les unes contre les autres, se renverse sur le dos, replie et étend sa queue à différentes fois, agite ses cornes et fait encore d'autres mouvements pour se détacher de l'écaille qu'elle va quitter. Enfin, l'écrevisse se retire de dessous la grande écaille, et aussitôt elle se donne brusquement un mouvement en avant, étend la queue et la dépouille de ses écailles. Cette opération est violente; c'est un moment critique qui fait périr beaucoup d'écrevisses; celles qui résistent restent très-faibles pendant quelques jours. Après ce grand travail de la mue, leurs jambes sont molles, et l'animal n'est recouvert que d'une membrane, qui, en vingt-quatre heures, devient une écaille solide presque aussi dure que l'ancienne. » *(Bomare.)*

On trouve dans la région de l'estomac deux petites pierres nommées improprement *yeux d'écrevisses*, en forme de boutons, rondes en dessus, ordinairement aplaties par la base, et dont on fait usage en médecine.

LE CANCRE.

On compte plusieurs espèces de cancres, dont les uns sont de mer et les autres de rivière. Ils ont le corps arrondi ou en forme de cœur. Il y en a de différentes grandeurs et couleurs ; tous ont dix pattes, en comptant les deux bras fourchus, tantôt longs, tantôt courts. Leur queue est repliée par-dessous. La tête, le corps et le ventre diffèrent suivant la diversité de l'espèce. Il y a le *cancre cavalier* ou *coureur,* qui court avec une rapidité singulière. Le *cancre parasite,* dont la coquille est tendre et molle, se retire, pour être à l'abri de toute insulte, dans les coquilles vivantes de quelques testacés. Celui qui vit dans les huîtres est rouge sur le dos, blanc par tout le reste et gros comme une fêve. Ceux qui vivent dans les moules et les nacres se nourrissent des mêmes mets bourbeux que les testacés chez lesquels ils habitent. La chair des cancres est assez bonne. Ils changent de peau comme les écrevisses et les crabes.

DES TESTACÉS.

Les testacés sont des animaux qui se renferment et qui vivent dans des coquilles dures, qui sont, à proprement parler, leurs os, et dont les couleurs sont aussi variées que les figures. L'animal qui vit dans ces coquilles est un ver dont le corps est mou, sans articulation sensible, et qui avait besoin d'un bouclier pour l'opposer à mille chocs qui l'écraseraient; il n'est attaché à ce bouclier, dans l'intérieur, que par un ou deux muscles ou quatre au plus.

LE LIMAÇON.

Le limaçon est un ver que la nature semble avoir favorisé d'une manière particulière. Trop faible pour se défendre, il porte sur son dos un logement toujours prêt à le mettre à l'abri de l'insulte. S'il n'a pas d'yeux, ses cornes sont douées d'une sensation fine et délicate; il les fait sortir de sa tête, les allonge, marche à tâtons. Le moindre obstacle à son passage les lui fait retirer avec une promptitude extrême; on dirait que l'animal s'en sert comme les aveugles font d'un bâton pour reconnaître les corps qui se trouvent devant eux.

Le limaçon fait de grands dégâts dans les jardins potagers et fruitiers, surtout la nuit et dans les temps pluvieux. Il cherche l'ombre et la fraîcheur, mange beaucoup l'été. L'hiver, il se tient caché dans la terre, s'enfonce dans sa coquille. Au retour du printemps, il vient jouir des agréments de la belle saison.

L'ÉTOILE DE MER.

Parmi les étoiles de mer, les unes ont quatre rayons, les autres cinq, et d'autres plus. Il y en a dont les bras sont garnis de piquants; il faut s'en méfier. On trouve des étoiles sur le bord des mers, sur le sable. L'ouverture que l'on remarque dans le centre est la bouche de l'animal. On y voit cinq dents osseuses, dont il se sert pour saisir et briser les coquillages dont il se nourrit. Chaque rayon des étoiles est garni d'une multitude prodigieuse de jaunes. Une étoile en a jusqu'à quinze cent vingt. Ses jambes ressemblent aux cornes des limaçons. Quoique munie d'un si grand nombre de pattes, l'étoile ne marche que fort lentement. Ses pattes peuvent se coller contre les rochers, les plantes; elles leur servent comme autant de cordages pour s'accrocher et résister aux mouvements des vagues et des tempêtes. Les rayons sont fragiles, le moindre choc les brise, les emporte; mais, ainsi que les pattes de l'écrevisse, ils recroissent. Les étoiles de mer marchent indifféremment de tous sens, en avant, en arrière, de côté; nagent dans les eaux par un mouvement oblique et par l'ondulation de leurs rayons.

L'HUITRE.

Cet animal occupe, dans l'échelle de la nature, un des degrés les plus éloignés de la perfection. Sans armes, sans défenses, sans mouvement progressif, sans industrie, il est réduit à végéter dans une prison perpétuelle, qu'il entr'ouvre tous les jours régulièrement pour jouir d'un élément nécessaire à sa conservation. A peine peut-on distinguer, dans sa masse informe et grossière, la figure animale et les ressorts de son organisation; un ligament placé au sommet de la coquille lui sert de bras pour cette manœuvre. Les huîtres ordinaires, pour être bonnes, doivent être fraîches, tendres, humides. Celles qui ont été prises à l'embouchure des rivières et dans une eau claire sont plus estimées.

L'OURSIN.

On distingue plusieurs espèces de ces coquillages, qui se trouvent dans diverses mers. Leur structure est des plus admirables. Garnis de piquants écailleux plus ou moins grands et durs, ce sont autant de jambes mobiles qui servent dans le mouvement progressif du coquillage. Quelques-uns ont jusqu'à deux mille jambes. Ils marchent en tous sens. A Marseille, on vend les oursins au marché comme les huîtres. On ne les ouvre que les mains gantées. On les mange comme les œufs à la coque. Il faut être fait à cet aliment, qui, au premier coup d'œil, paraît très-dégoûtant.

Des Tortues.

On connaît quinze espèces de tortues, qui se partagent en *tortues de terre*, *tortues de mer*, *tortues d'eau douce*. Ces animaux quadrupèdes, testacés, amphibies et ovipares, sont d'une forme qui mérite attention. Nous commencerons par donner une idée de la tortue de terre.

LA TORTUE DE TERRE.

La tortue de terre a quelque chose de hideux et d'effrayant : elle ressemble au serpent par la tête et au lézard par la queue et par les pattes. Mais ce qui la distingue, ainsi que les autres espèces de ce genre, c'est une écaille ample, solide, voûtée, faite en écusson et marbrée de diverses couleurs obscures, qu'elle porte sur elle comme un bouclier toujours prêt à la garantir des dangers. Elle a sur le dos des taches jaunes et noires; on ne lui voit ni paupières supérieures, ni trous auditifs, ni dents aux deux mâchoires, qui ne laissent pourtant pas d'être coupantes. La femelle est ordinairement plus pesante que le mâle, dont elle diffère encore en ce que son écaille inférieure est tout à fait plate, au lieu que le mâle a la sienne concave dans le milieu. Les œufs de la femelle sont plus petits et plus oblongs que les œufs de la poule; ils ont en dedans du blanc et du jaune;

la coque en est mollasse. La tortue ne les couve pas, elle les couvre de feuillages et de terre, et c'est la chaleur du soleil qui les fait éclore.

Outre l'écaille, la tortue a ce que l'on nomme la *carapace*: c'est une enveloppe osseuse destinée à garantir le corps de l'animal. Cette espèce de cuirasse est composée de deux pièces principales, dont l'une, qui est d'une forme convexe, recouvre le dos de l'animal, et l'autre, qui est plus aplatie, garnit le ventre. Cette espèce de têt a par-devant et par-derrière des ouvertures pour passer la tête, les pattes et la queue de la tortue, qui a la faculté de retirer ces divers membres dans l'intérieur de sa carapace, lorsqu'elle veut se mettre à l'abri de quelque danger. Mais on appelle plus particulièrement carapace la partie supérieure de l'enveloppe osseuse dont il s'agit. Cette carapace et l'écaille, qui est de la nature de l'ongle, forment une cuirasse si solide, que la roue d'un carrosse pourrait passer dessus sans la faire céder. Une armure aussi complète était bien essentielle à un animal dont la lenteur est extrême.

La tortue de terre se trouve sur les montagnes, dans les forêts, dans les bois, et elle se plaît dans les champs et les jardins. Elle vit de fruits, d'herbes et de tout ce qu'elle peut trouver; elle mange aussi des limaçons, des vers et d'autres insectes. On peut la nourrir dans la maison avec du son et de la farine. Elle se cache en hiver dans les cavernes et y passe quelquefois toute la saison sans manger ; elle a la vie très-dure et vit fort longtemps. Sa chair est blanche et fort bonne à manger. Les plus grandes sont de trois ou quatre pieds de longueur : en général, leur grandeur le cède beaucoup à celle des tortues de mer.

LA TORTUE DE MER.

La tortue de mer diffère de celle de terre par ses pieds faits pour nager, assez semblables aux nageoires des poissons, et par sa tête, dont la bouche se termine communément en bec de perroquet. Il y en a qui parviennent à un accroissement prodigieux : quelques voyageurs assurent avoir vu dans l'Océan Indien des tortues d'une telle grandeur, que quatorze hommes pouvaient monter à la fois sur le dos d'une seule. Le père Labat rapporte qu'il s'est donné quelquefois le plaisir de se mettre, avec un second, sur le dos d'une tortue, et que cet animal les portait sans peine et même assez vite.

C'est au printemps que le mâle de la tortue témoigne de l'affection pour sa femelle. Quelque temps après, celle-ci va à terre pondre ses œufs dans des trous qu'elle pratique sur le sable, au moyen de ses ailerons, un peu au-dessus de l'endroit où les vagues de la mer viennent battre. Ces trous ont quelquefois plusieurs pieds de largeur et de profondeur ; elle choisit pour cet effet un sable fort doux et fort délié, dans un endroit du rivage peu fréquenté. Quand la ponte est finie, elle les recouvre très-légèrement, afin que le soleil échauffe les œufs et fasse éclore les petits. C'est au bout de vingt-quatre ou vingt-cinq jours qu'on voit sortir du sable, à l'endroit où les œufs ont été déposés, de petites tortues qui, sans guides, s'en vont tout doucement gagner l'eau.

Aux îles Antilles, où l'on trouve beaucoup de tortues, on les divise en *tortues franches, couannes* et *carets*. Toutes ont à peu près la même figure, et ne diffèrent guère que par la grandeur, l'épaisseur de l'écaille et la qualité de la chair.

C'est la tortue franche qui fournit les meilleurs œufs et la chair la plus estimée; cette chair fraîche est aussi délicate que le meilleur veau. On la sale pour la conserver, et on en use dans les colonies comme ici de la morue. Une tortue ordinaire peut donner jusqu'à deux cents livres de chair, et on en peut retirer jusqu'à trente-trois litres d'huile jaune et propre à être employée dans les aliments, lorsqu'elle est fraîche ; quand elle est vieille, elle sert aux lampes.

Les tortues de mer paissent l'herbe sous l'eau et hors de l'eau ; elles trouvent leur nourriture principalement dans des espèces de prairies qui sont au fond de la mer, le long de plusieurs îles de l'Amérique. Il y a peu de brasses d'eau sur quelques-uns de ces fonds, et les voyageurs rapportent que, quand la mer est calme et sereine, on voit au fond de l'eau ce beau tapis vert ét les tortues qui s'y promènent. Après qu'elles ont mangé, elles vont à l'embouchure des rivières chercher l'eau douce. Ces animaux étoufferaient au fond de l'eau ; ils ont besoin de venir respirer à la surface ; au premier danger ils se renfoncent. On prend les tortues quand elles viennent pondre, en les renversant sur le dos, et à la *varre;* cette dernière manière consiste à les harponner dans l'eau même.

Les tortues d'eau douce ont des écailles sur les pieds, qui sont larges, arrondis, et ne se partagent point en forme de doigts. Les ongles, au nombre de quatre, sont droits, aigus et presque égaux. Ces tortues se trouvent en Italie, en Silésie, dans les parties méridionales de la France, dans les Indes orientales, dans la Virginie, etc.

LES REPTILES.

Des Reptiles en général.

Les reptiles sont des animaux qui rampent. Linnée comprend sous ce nom les *tortues*, les *crapauds*, les *grenouilles* et les *lézards*, parce que non-seulement ils sont ovipares, mais encore parce que leurs pieds sont courts, qu'ils les plient et les écartent de manière à être très-peu élevés au-dessus de terre, et qu'ils ne leur servent presque pas à marcher. Les véritables reptiles, cependant, ne peuvent se trouver que dans la classe des serpents, qui n'ont ni pieds, ni nageoires. Laurenti, pour tout accorder, divise les reptiles en trois ordres, dont le premier contient les *crapauds*, les *grenouilles*, etc., sous la dénomination collective de *reptiles sauteurs*; le second ordre renferme les *lézards*, sous la dénomination de *reptiles marcheurs*; le troisième ordre, sous la dénomination de *reptiles rampants*, offre les *serpents*.

LA GRENOUILLE.

C'est un fort vilain voisinage qu'une pièce d'eau habitée par les grenouilles ; quand une fois elles se mettent à faire entendre leur désagréable musique, il n'est guère possible de s'entendre. Ce coassement est formé dans deux vessies rondes et blanches que l'on voit sortir des deux côtés de leurs bouches. C'est principalement dans le printemps et à l'approche des pluies qu'elles font entendre ce beau concert; elles viennent pour cela à fleur d'eau. Il y a plusieurs espèces de grenouilles, qu'on distingue par leurs formes et leurs couleurs. Elles sont amphibies et se nourrissent d'insectes, de vers, de mouches, de petits limaçons. On prétend qu'elles vivent dix à douze ans. L'hiver on ne les voit plus, et leurs coassements ne se font plus entendre. Le froid les saisit et les tient dans un engourdissement à peu près semblable à celui du loir, etc.; alors elles tombent au fond de l'eau et y restent comme sans vie, jusqu'à ce que les eaux, échauffées par les premiers feux du printemps, leur communiquent la chaleur qui est essentielle à l'activité de leur existence. On sait que ce sont des animaux à sang froid.

Les cuisses de grenouilles, dépouillées de leur peau, sont bonnes à manger.

LE LÉZARD.

Les anciens le regardaient comme l'ami de l'homme. Ce reptile a quatre pattes, est petit et sans venin. En France, on peut le prendre et le toucher sans aucun risque. On en voit de deux couleurs, le gris et le vert. Le lézard gris, qui est le plus commun, est assez familier, n'est point effrayé de la présence de l'homme, court avec beaucoup de rapidité, fait sa retraite dans le creux des murs. Il aime et supporte volontiers la plus grande ardeur du soleil, change de peau dans le printemps et dans l'automne, reste comme engourdi dans l'hiver, se réveille au retour du printemps, mange peu, passerait huit mois sans nourriture, fait la guerre aux escargots, vers de terre, grillons, mouches, fourmis, sauterelles. On trouve encore en France un lézard vert dans les bruyères, les broussailles et les buissons. Ce lézard est colère, sans être absolument nuisible. Il se bat contre les serpents, grimpe aux arbres, mange les œufs dans les nids des oiseaux. S'il saisit un chien par le nez, il ne quitte jamais prise qu'il n'ait été tué. C'est surtout dans les pays chauds qu'on trouve quantité de lézards très-beaux, mais aussi très-dangereux pour la plupart, surtout les espèces de lézards aquatiques.

LE CROCODILE.

Cet animal amphibie se trouve en Asie, en Afrique, en Amérique. Il y en a de monstrueux. Tout annonce chez lui la férocité et la rapacité. Ses dents sont tranchantes; la mâchoire inférieure est immobile; il n'y a que la supérieure en état de se mouvoir. De cette construction, il résulte une force singulière dans la mâchoire. Le crocodile va toujours en regardant en avant; ses yeux sont fixes, étincelants; ses pattes armées de griffes redoutables. D'un coup de queue il peut assommer un homme. Il est friand de chair humaine, se nourrit de poissons, se tient à l'affût, pour surprendre et dévorer le bétail qui vient boire. Plus terrible dans l'eau, il se meut avec agilité sur terre, mais il ne se retourne point facilement. Il court cependant très-bien sur un terrain uni.

On voit au Sénégal des crocodiles qui ont vingt ou trente pieds de longueur. Les nègres vont attaquer hardiment cet ennemi dangereux. Lorsqu'ils le voient nager en pleine eau, ils vont sur lui le bras gauche armé de cuir, le lui plongent dans la gueule, la tiennent ouverte, le noient. Si l'animal ne périt promptement, ils lui portent un coup de baïonnette sous le ventre. Tout le reste du corps est trop bien cuirassé pour pouvoir être percé à coups de flèche, ou même d'arquebuse. En Amérique, c'est une viande de carême. Ses entrailles ont une odeur de musc.

Partout on rencontre le tableau de la superstition humaine. On a adoré les crocodiles dans la ville d'Arsinoé. On la nommait autrement *ville des Crocodiles*. Il y en avait dans le lac Mœris une prodigieuse quantité. On les redoutait, on les adorait comme des Dieux. On prenait un crocodile, on l'attachait par les pattes de devant, on lui suspendait à la tête des pierres précieuses, on le nourrissait avec des viandes consacrées. Après sa mort, on l'embaumait, on le brûlait; on mettait sa cendre dans une urne, on la portait avec celle des rois.

LE SERPENT.

Cet animal, dépourvu de pieds pour marcher, d'ailes pour voler, de nageoires pour nager, qui rampe, qui n'a ni bras, ni mains, ni pinces, ni serres pour saisir sa nourriture et pour attaquer et se défendre; le serpent, dis-je, paraîtrait disgracié de la nature et plus propre à inspirer la pitié que la frayeur, s'il n'était armé de dents venimeuses dont la morsure funeste occasionne une mort rapide et souvent douloureuse. La classe de ces reptiles est des plus nombreuses; on en voit dans tous les pays. Ils diffèrent singulièrement par la grandeur, par la variété, la richesse des couleurs et par leur naturel; il y en a de blancs, de rouges, de bleus, de noirs et de différentes couleurs mêlées et disposées par lignes, par bandes, par raies, par taches, en figures régulières ou bizarres. Les uns sont venimeux, les autres ne le sont pas; quelques-uns habitent la terre, les bois; d'autres sont aquatiques, d'autres amphibies. Ici, l'homme poursuit le serpent, le terrasse, l'écrase comme son ennemi; là, le sauvage le respecte, l'adore comme un Dieu et lui dresse des autels. La marche des serpents est un mouvement d'ondulation; leur corps est composé, comme ceux des chenilles, d'anneaux liés par des membranes qui se resserrent et s'éloignent, quand ils veulent se porter en avant. Leurs écailles sont d'une structure admirable ; elles se redressent à la volonté de l'animal et deviennent alors autant de pieds qui s'appuient sur la terre et qui facilitent la rapidité de sa course. Il y a des serpents qui grimpent sur les arbres pour y chercher leur proie ; veulent-ils passer d'un arbre à l'autre, ils se suspendent par la queue à une branche et s'y balancent jusqu'à ce qu'ils atteignent le rameau voisin. Les plus grands traversent des bras de mer et vont se naturaliser dans des contrées où ils étaient inconnus.

Les serpents, assez généralement, sont sourds; mais leur vue est perçante. Ils se nourrissent d'herbes, d'insectes, de chenilles, de grenouilles, d'oiseaux, etc. Les gros, que l'on trouve en Amérique et sous les zônes brûlantes, attaquent les taureaux et les cerfs, les étouffent dans les replis tortueux de leur corps, les mordent au naseau, sucent leur sang. Les petits serpents avalent des animaux plus gros qu'eux, leur gosier étant susceptible d'une dilatation prodigieuse ; mais leur digestion est très-lente ; c'est vraisemblablement ce qui fait qu'ils peuvent vivre longtemps sans prendre de nourriture.

Ces reptiles multiplient prodigieusement. Il y en a d'ovipares et d'autres vivipares. Les premiers déposent dans le sable un grand nombre d'œufs, les autres donnent le jour à la fois à plus de trente serpents vivants, mais dont les œufs étaient éclos dans le ventre de la femelle.

La voix des serpents est un sifflement, seule expression de leur colère ou de leur besoin. Leur œil est vif. Quelques-uns agitent leur tête avec tant de vivacité, que de loin on croirait qu'ils en ont deux.

Il y a quelques espèces de serpents qui passent l'hiver dans une sorte d'engourdissement, dont ils sortent aux premiers jours du printemps. C'est alors qu'ils changent de peau; mais ils ne quittent leur retraite que lorsque la nouvelle est endurcie.

LES VERS.

Des Vers en général.

Cette classe du règne animal est une des plus nombreuses et qui présente les phénomènes les plus singuliers; car les uns rampent toute la nuit sur la terre ou dans les eaux; les autres passent de l'état de reptile à celui d'insecte ailé. Ce passage est plus ou moins pénible dans presque tous les insectes. Cette métamorphose est accompagnée d'un sommeil léthargique. De ces vers, ceux-ci se changent en mouches à deux ailes, ceux-là en mouches à quatre ailes, d'autres en insectes à étuis.

Ver du corps humain. La nature a semé les êtres dans les êtres. Les animaux, les hommes nourrissent des vers dans plusieurs parties de leur corps, et même jusque dans leur sang. Ce sont tantôt les mêmes espèces qui habitent dans diverses parties du corps, tantôt des espèces différentes. Les encéphales sont petits, rouges, naissent dans le cerveau. Ces cruels ennemis sont très-rares. On reconnut qu'ils étaient la cause de la fièvre pestilentielle qui faisait périr presque tout le monde à Bénévent dans un état de fureur horrible. On ne trouva de remède à cette épidémie que dans le vin de mauve, dans lequel on avait fait bouillir des raiforts. Ce remède opéra sur-le-champ la destruction des vers et le salut des fébricitants. Les auriculaires habitent dans les oreilles. Il y en a d'une petitesse infinie. Les réniaires ou nasicoles s'engendrent dans le nez. Les pulmonaires, de formes variées, habitent dans les poumons. Les dentaires se forment sous une croûte amassée sur les dents par la malpropreté, rongent peu à peu les dents, y causent une mauvaise odeur et ne font presque point sentir de douleur. Les cordiaires établissent leur séjour dans le siége de la vie, dans le cœur. Ils s'attachent dans les ventricules et s'y mettent à l'abri du cours perpétuel du sang. Les vésiculaires varient beaucoup par leurs formes. On les rejette par les urines. On en a vu vivre dans l'eau pendant plus de six ou sept mois. Les custanets habitent entre cuir et chair. Les sanguins nagent dans le sang, s'y nourrissent.

Les lombrils ou strongles sont des vers longs et ronds, gros comme un tuyau de plume, longs d'un demi-pied et plus. C'est ordinairement dans les intestins grêles qu'ils se tiennent, quoiqu'ils ne laissent pas de remonter dans l'estomac et de sortir par la bouche. Les enfants sont particulièrement sujets à cette espèce de vers. Les purgatifs, les amers, le mercure doux sont les remèdes dont on se sert pour les expulser. Le plus redoutable de tous les vers qui attaquent l'homme, c'est le tænia ou ver solitaire. Ce ver a été nommé tænia de sa forme (elle approche de celle d'un ruban), solitaire, parce qu'on a vu qu'il ne se trouvait jamais que seul. Cet ennemi redoutable fait son séjour dans les intestins de l'homme, y parvient à la longueur de trois ou quatre mètres et quelquefois de vingt. Divers symptômes annoncent sa présence. Les malades ont des rapports, un sommeil interrompu, une faim dévorante, ou quelquefois un dégoût général, des coliques, des étourdissements, des vomissements, des convulsions, de la fièvre avec frisson. Si le mal n'est arrêté ou diminué par des remèdes convenables, les malades tombent dans le marasme et périssent. Un point essentiel pour se débarrasser de cet hôte redoutable, c'est de l'expulser en entier.

On le voit quelquefois se reproduire de quelques fragments de son corps brisé.

VER LUISANT. Dans les nuits d'été et d'automne, l'on aperçoit dans l'herbe et sur la terre fraîche ces petits phosphores vivants. Leur éclat lumineux dépend, à ce qu'il paraît, d'une liqueur située à l'extrémité postérieure de l'insecte. Lorsqu'il s'agite et qu'il est en mouvement, la lumière est plus vive, plus brillante et d'un plus beau vert. Il la fait disparaître à volonté, soit en se roulant, soit en se contractant. La preuve que cette lumière dépend d'une matière phosphorique, c'est qu'on peut écraser l'animal, et, quoique mort et brisé, il reste sur la main une substance lumineuse qui ne perd son éclat que lorsqu'elle vient à se dessécher.

VER DE TERRE. Cet insecte rampant, que l'on foule aux pieds ou sur lequel on jette un regard de mépris et de dédain, jouit cependant, comme tous les êtres créés, de la vie, du mouvement, de la sensation et de toutes les facultés animales. Sa marche sinueuse est facilitée par les inégalités de son corps, armé de petits poils raides et pointus. Lorsqu'il veut s'insinuer dans la terre, il transsude de son corps une liqueur visqueuse qui l'aide à se glisser. Sa nourriture consiste dans un peu de terre. Ce reptile innocent ne nuit jamais aux racines des végétaux. Les vers qui naissent de leurs œufs ne subissent point de métamorphose. Ils ne quittent la terre qu'après de grandes pluies ou à l'approche des orages. La manière de les faire sortir est d'arroser la terre avec des infusions de plantes amères ou de trépigner avec les pieds. Le seul mouvement fait à la superficie du sol les fait fuir, dans la crainte d'être surpris par la taupe, leur ennemi redoutable. C'est ainsi que les pêcheurs s'y prennent pour garnir leurs hameçons et leurs filets.

LES INSECTES.

Des Insectes en général.

On donne le nom général d'insectes à de petits animaux composés d'anneaux ou de segments. Les parties des insectes sont assez distinctement organisées pour qu'on puisse y distinguer une tête, des cornes mobiles ou antennes, une poitrine ou corselet, un ventre, des pieds, et souvent des ailes, surtout dans ceux qui se métamorphosent.

Il y a diverses sortes d'insectes, dont les uns sont aquatiques et les autres terrestres. Il n'y a qu'un petit nombre des uns et des autres qui ne se métamorphosent point.

Les uns sont sans antennes et sans pieds. Ceux qui sont pourvus de pieds n'en ont pas moins de six ; ceux qu'on nomme polypodes en ont au moins dix ; enfin, il y en a qu'on appelle centipèdes ou millipèdes, à cause du grand nombre de leurs pieds. Les pattes des insectes sont articulées et terminées par deux, quatre et quelquefois six petites griffes, crochues et fort aiguës, qui servent à cramponner l'animal. Indépendamment de ces griffes ou ongles, le dessous du pied est encore garni de petites brosses ou pelottes spongieuses, qui servent à tenir l'insecte sur les corps les plus lisses.

Parmi les insectes qui ont des pieds, les uns sont ailés, les autres ne le sont pas ; et de ceux-ci il y en a qui le deviennent, dès qu'ils ont changé de forme, comme les chenilles changées en papillons.

Parmi les insectes qui ont des ailes, il y en a qui les portent toujours tendues, comme les papillons, les mouches, les abeilles ; d'autres les tiennent cachées et renfermées dans un étui ; telles sont les cantharides et les espèces de scarabées. De ceux-ci, il y en a qui ont deux ailes, et les autres quatre.

Parmi les insectes, les uns rampent, les autres sautent, d'autres volent. Le naturaliste admire la marche saillante et en forme de croix de la sauterelle, le saut parabolique de la puce, la course de l'araignée, qui s'élance horizontalement d'une muraille à l'autre, sans autre point d'appui que son fil. Le papillon diurne ne marche qu'en voltigeant verticalement dans les airs ; la phalène porte ses ailes abaissées. Lorsque les vers et les chenilles veulent aller d'un endroit à un autre, ils allongent la peau musculeuse qui sépare les premières boucles d'avec les suivantes ; ils portent le premier anneau à une certaine distance, puis, en se contractant et en se ridant, ils font venir le second anneau ; par le même jeu, ils amènent le troisième, et successivement tout le reste du corps. C'est ainsi que ces petits animaux, même sans pieds, marchent et se transportent où il leur plaît, sortent de terre et y rentrent au moindre danger, avancent et reculent suivant le besoin.

Parmi les insectes, comme chez tous les autres animaux, règnent les antipathies, les inimitiés, les rixes et les combats. Les plus gros font la guerre aux petits; ceux-ci, plus faibles, deviennent la proie des plus forts. Tous ces animaux sont zoophages et se mangent réciproquement ou se détruisent d'une autre manière. Malheur à celui d'entre eux qui perd ses ailes et son aiguillon dans une bataille ! car ces membres ne reviennent plus, et l'insecte, s'affaiblissant sans cesse, meurt bientôt. Les insectes sont armés de pied en cap ; ils sont en état de faire la guerre, d'attaquer et de se défendre.

Quoique les insectes passent pour être généralement nuisibles, il y en a cependant qui méritent quelques exceptions, comme servant à nos besoins réels ou factices ; tels sont les cantharides, les vers de terre, la sangsue, le cloporte, la cochenille du Mexique, le kermès du Languedoc, l'abeille, le ver à soie et plusieurs autres.

LA CHENILLE.

La classe de ces insectes est des plus nombreuses. On en compte plus de cent cinquante espèces. Elles ont, pour la plupart, des caractères, des mœurs, des manières de vivre qui leur sont communes. Il y en a quelques-unes qui ont un talent, une industrie particulière, digne d'arrêter l'attention d'un observateur. Tout est mesuré relativement à leur durée et à leurs besoins. La plus intéressante, à cause de son utilité, est celle connue sous le nom de ver à soie.

Les chenilles, que bien des personnes ne voient qu'avec effroi, n'ont rien de venimeux. Celles qui sont recouvertes de poils peuvent occasionner quelques petites démangeaisons, ces poils s'engageant dans les pores de la peau. Il ne s'agit que de les manier avec précaution. Les chenilles, après avoir rampé sur la terre, quelques-unes sous une forme assez hideuse, sont appelées à un autre genre de vie. Les unes se suspendent par les pattes la tête en bas, se lient avec un fil de soie par le milieu du corps et attendent, sous la forme de chrysalides, le moment d'une nouvelle métamorphose, ou plutôt de leur entier développement. Les autres se pratiquent un tombeau de soie ou de terre, s'y changent en chrysalides et y restent pendant plusieurs mois, et quelques-unes plusieurs années, dans une inertie presque semblable à la mort. Les unes et les autres passent de cet état léthargique à celui d'insectes ailés. Ceux-ci, le front brillant, couronné d'étincelles, les ailes revêtues des plus riches couleurs, voltigent de fleurs en fleurs pour en sucer le miel et aiment les jardins et les prairies.

On distingue les chenilles des fausses chenilles par le nombre des pattes.

Toutes celles qui ont seize jambes ou au moins jusqu'à huit, sont de vraies chenilles, qui se changent en papillons; celles qui ont plus de seize jambes sont de fausses chenilles et se changent en mouches à scie. Le caractère des chenilles varie suivant les espèces. Les unes se plaisent en société. Ce sont les espèces qui nous font le plus de dégât. Heureusement on n'en compte pas un grand nombre de familles. Les autres vivent solitaires. D'autres, sensibles aux impressions de l'air ou pour se mettre à couvert de la voracité de leurs ennemis, se fabriquent des fourreaux ou tuyaux qui leur servent de logement pendant qu'elles sont dans l'état de ver.

LE VER A SOIE.

Cet insecte, originaire de la Chine, travaille

avec un art admirable et fournit la matière de nos brillantes étoffes. Très-bien naturalisé dans nos provinces méridionales, on parvient avec des soins à l'élever même dans les pays du Nord. Par quelle merveille le suc des feuilles de mûrier, l'extrait des aliments se convertit-il en matière soyeuse? A l'instant où le ver file, la liqueur est fluide. Aussitôt qu'elle prend l'air, elle se dessèche; dès ce moment, elle ne peut plus être ramollie par l'eau et par la chaleur; c'est un fil soyeux. Cette matière de soie réunit toutes les qualités des vernis. Dissoute dans de l'eau chaude, étendue sur le papier, elle y forme un beau vernis jaunâtre. Cette observation pourrait donner l'idée de filer des vernis. Une multitude de grosses chenilles, qui abondent en matière soyeuse, n'en font presque pas d'usage, se contentant de se suspendre, pendant leur métamorphose, à un fil de soie. Elles pourraient peut-être fournir ou des vernis ou des fils propres à fabriquer des étoffes, ou servir à d'autres usages. Dans les pays chauds, sous les cieux heureux, qui ne sont point sujets à l'inconstance de la température, à Tunquin, on élève les vers à soie sur les mûriers. C'est un charme de voir ces coques jaunes se détacher sur un fond de verdure. Ce sont autant de petites pommes d'or. Dans la plupart des pays où on veut les élever, on les met dans des chambres à une bonne exposition. On dresse des claies sur des colonnes.

Les jeunes vers s'y nourrissent des feuilles qu'on leur donne plusieurs fois par jour, suivant leur force et leur appétit. Chaque millier de vers consomme cinquante livres pesant de feuilles, depuis sa naissance jusqu'à son dernier état d'accroissement. La grande propreté est indispensable pour leur santé. Lorsqu'on leur donne de nouvelles feuilles, on peut les mettre sur des filets. Les vers passent à travers les mailles, viennent les chercher. On soulève le filet et on ôte les vieilles feuilles. Avant d'arriver au moment de leur métamorphose, les vers à soie changent quatre fois de peau. Cette opération est des plus laborieuses : plusieurs y périssent. On dissipe leurs maladies en parfumant la chambre avec les vapeurs des plantes aromatiques ou en augmentant l'élasticité de l'air, par la vapeur du vinaigre. Lorsque les vers sont parvenus à leur dernier état d'accroissement, ils prennent une couleur de chair. Inquiets, ils s'agitent. On les place alors sur un tabarinage. Ce sont de petits berceaux en arcade faits avec des bruyères. Chacun cherche une place convenable. Il y forme une tente à réseau. C'est la matière connue sous le nom de fleuret ou de filoselle. Il se replie sur lui-même, construit avec un art singulier le *cocon*, habitation douce et soyeuse. Tous les fils sont couchés en zig-zag. Il les applique ainsi les uns contre les autres, en les poussant continuellement avec sa tête ; formé de la sorte jusqu'à six couches de soie. Ces fils déployés peuvent avoir sept à neuf cents pieds de longueur. Ce pénible travail s'exécute en deux ou trois jours. Quelques vers plus vigoureux ou plus adroits n'y emploient que quelques heures. A l'abri des intempéries de l'air et de tout ennemi, ils passent par l'état de chrysalides et deviennent papillons. Au bout de dix-huit ou vingt jours, le papillon perce sa coque, vient jouir de l'air et des plaisirs. On choisit les cocons les plus beaux, les plus fermes, ceux qui annoncent les papillons les plus vigoureux, pour les laisser sortir et perpétuer l'espèce. Les cocons des mâles sont plus allongés; ceux des femelles, plus arrondis. Dans l'état de ver, on reconnaît les mâles à leurs yeux plus marqués, plus distincts. On met les autres cocons dans un four chaud et l'on fait périr les chrysalides, parce que les papillons en sortant gâteraient la soie qu'on veut leur enlever. Le moment où elles périssent se reconnaît à un pétillement semblable à celui d'un grain de sel jeté dans le feu. Les cocons dont la couleur tire sur le jaune pâle fournissent la soie la plus parfaite. On met les papillons mâles et les femelles prédestinés dans des boîtes garnies d'étamines. Les femelles fécondes y déposent leurs œufs. Un gros d'œufs ou de graine donne naissance à 5,000 vers. Il en périt assez ordinairement la moitié avant de filer leurs cocons; l'autre moitié fournit 2,500 cocons, dont on peut retirer une livre de soie. Les vers nés et naturalisés sous notre climat donnent naissance à une postérité plus robuste que ceux fournis par le graines de Piémont, de Sicile et d'Espagne, dont on fait tant de cas. Dans les pays chauds, où la température est constante, on laisse à la nature le soin de faire éclore les jeunes vers. Sous nos climats, on a recours à une chaleur artificielle. Le point essentiel pour réussir à la récolte de la soie est de pouvoir l'obtenir sur nos climats avant le moment des temps orageux. On n'ose cependant les faire naître qu'au moment où les feuilles de mûrier se développent. Nos récoltes deviennent presque toujours trop tardives. Quelques personnes entretiennent la chambre où ils font éclore leurs vers à la température de dix-huit degrés Réaumur. Ceux que l'on fait éclore aux quatorzième et quinzième degrés sont cependant plus vigoureux et donnent une soie plus forte, plus belle. La beauté des soies dépend de la qualité des feuilles de mûrier. Celles de mûrier enté sur le mûrier blanc fournissent beaucoup plus de soie, et d'une qualité supérieure. Ici, l'industrie met à profit, avec un art étonnant, les dons de la nature, et l'on voit reparaître la soie sous une multitude de formes différentes, plus élégantes les unes que les autres et nuancées de mille couleurs diverses.

Il n'y a pas très-longtemps que les vers à soie

ont été connus en France et que leurs coques y ont été filées pour être employées dans nos manufactures; les ouvrages de soie étaient encore si rares, même à la cour, du temps de Henri II, que ce prince fut le premier qui porta des bas de soie. Autrefois les étoffes de soie étaient si précieuses et si chères, qu'elles se vendaient au poids de l'or; il n'y avait qùe les empereurs qui en portaient. Les Persans ont longtemps vendu la soie aux Romains et aux peuples de tout l'Orient, sans que tant de nations aient pu découvrir son origine. Ce ne fut que dans le temps de la guerre que l'empereur Justinien eut avec ces peuples, qu'on sut que c'etaient des insectes qui travaillaient la soie. Deux moines furent envoyés aux Indes par ce souverain et en rapportèrent des œufs, la façon de les faire éclore, de les élever et d'en tirer la soie. Tout le monde sait combien la soie est devenue aujourd'hui commune, par les soins qu'ont pris nos rois d'exciter l'émulation pour élever ces précieux insectes, et par la protection qu'ils ont donnée aux manufactures.

LES ABEILLES.

Parmi tous les êtres dont la nature a varié les espèces, parmi tous ceux qu'elle a pourvus de ce génie industrieux que nous nommons instinct, il n'y en a point qui soit plus fait pour exciter l'admiration de l'homme, plus propre même à mortifier sa vanité, que l'insecte dont il va être question. Comme les hommes, les abeilles vivent en société; elles ont leurs lois et leurs chefs. Il est parmi elles des emplois divers qui concourent au bonheur commun, et des attributions qui fixent les devoirs de chaque individu. Chaque ruche est un petit état qui renferme un certain nombre d'habitants; on y remarque toutes les vertus civiques; un ordre immuable règne dans son gouvernement, et un accord parfait dans toutes ses parties.

Chaque individu reconnaît son supérieur et lui obéit. Laborieuse dans la paix, chacune travaille pour l'intérêt de tous; courageuses dans la guerre, elles affrontent la mort pour le salut de la patrie.

On peut comparer une ruche à la ville, dont la structure est mille fois plus étonnante que toutes celles qu'a construites l'industrie humaine. Les rues ne sont pas, comme chez nous, rangées à côté l'une de l'autre; elles sont posées les unes sur les autres par étage, et les étages séparés par plusieurs rangs de colonnes. Les maisons sont toutes égales et pratiquées dans l'épaisseur des voûtes; toutes celles qui composent un étage sont dans un même niveau, couvertes par une terrasse ou par un toit commun, fait avec un mastic très-ferme et uni comme le pavé d'un appartement. Les habitants se promènent sur cette place, entre les piliers que soutiennent une autre voûte et un autre rang de maisons.

Outre cette distribution du logement de chaque individu, il est des édifices destinés à servir tantôt d'entrepôt général, tantôt de magasin particulier. On remarque des cellules de diverses grandeurs. Nous verrons, dans la suite, quelles sont leurs différentes destinations.

On distingue, dans une ruche, trois sortes d'abeilles : 1° Les *abeilles-ouvrières*, qui sont le gros de la nation ; elles sont chargées de tout l'ouvrage et paraissent n'être ni mâles ni femelles. Leur emploi est de récolter, de travailler et d'élever les petits ; elles ont toutes une trompe pour le travail et un aiguillon contre l'ennemi. 2° Les *faux-bourdons*, qui passent pour être les mâles et qui n'ont point d'aiguillon ; ils sont d'une couleur plus obscure que les abeilles et d'un tiers plus gros. Il s'en trouve de cette espèce environ quinze cents dans une ruche de quinze à vingt mille abeilles-ouvrières. 3° Enfin, une espèce beaucoup plus forte et plus longue que les bourdons mêmes, et qui est armée d'un aiguillon ; mais elle est bien moins nombreuse que les autres, puisque chaque ruche n'en renferme qu'une. C'est cette abeille unique qui est chargée de la multiplication de l'espèce ; elle produit à elle seule non-seulement de quoi peupler la ruche, mais assez d'individus pour en former plusieurs ; c'est pour cela qu'on lui donne le nom de *reine* ou *mère-abeille*. C'est ainsi qu'est composé chaque essaim. Quand les abeilles cherchent des demeures naturelles, c'est ordinairement dans le creux d'un arbre ou d'un rocher ; mais elles préfèrent les habitations que leur offrent les hommes, parce qu'elles sont plus commodes et mieux exposées. On leur construit en conséquence de petites maisonnettes rondes, de bois ou de paille, et terminées en pointe. Pour les y attirer, on enduit de miel l'intérieur de cette ruche ; d'autres fois, on s'empare de la reine, et toutes les autres suivent.

Lorsque les abeilles s'établissent dans une ruche, leur premier soin est d'aller visiter les plantes resineuses des environs ; elles y cueillent une matière gluante qui acquiert une grande fermeté en se séchant ; elles en induisent le dedans de la ruche et en bouchent hermétiquement toutes les fentes ; ce premier travail achevé, elles s'occupent à construire les cellules ou alvéoles, dont la réunion forme ce qu'on appelle des gâteaux, lesquels, réunis à leur tour, se nomment rayons.

Ces gâteaux, divisés en une infinité de cases, présentent un objet de la plus grande admiration ; l'œil est frappé de la délicatesse du travail et de l'économie de la matière. Les cellules sont de diverses grandeurs, suivant leur usage ; celles des mâles ou bourdons sont constamment de huit millimètres de large ; celles destinées aux abeilles-ouvrières, de cinq. Il est à remarquer que cette dimension ne varie dans aucun des pays où l'on trouve l'abeille domestique. La reine a sa cellule particulière et construite dans un autre ordre d'architecture ; elle est de figure arrondie et guillochée en dehors. Autant la matière est épargnée pour les autres, autant elle est prodiguée dans celle-ci : une seule de ces cellules royales pèse autant que cent cinquante cellules ordinaires. Outre celle qui sert de logement à la reine , les abeilles en construisent trois ou quatre autres, destinées à recevoir les œufs femelles, que celle-ci pond en pareil nombre. Ces trois ou quatre nouvelles reines deviennent les chefs d'autres colonies, que vont former les jeunes essaims, lorsque leur multiplication les a rendus plus nombreux que la ruche n'en peut contenir.

Les personnes qui élèvent des mouches à miel connaissent le moment où s'opère cette séparation et le mettent à profit : elles présentent aux jeunes mouches de nouvelles ruches, dans lesquelles elles s'établissent et où elles forment bientôt un état aussi nombreux que le premier.

Lorsque, après la séparation, il reste plusieurs femelles dans la ruche, elles se battent à outrance, jusqu'à ce qu'une seule reste maîtresse du champ de bataille ; c'est celle-là qui exerce le souverain empire. Tout semble fait pour la servir : les faux-bourdons forment sa cour, et les abeilles-ouvrières paraissent ses sujets. Si elle meurt avant qu'une autre puisse gouverner, l'essaim se disperse et souvent périt. Alors, pour le retenir, on a soin de l'enfermer dans une ruche, où l'on met des gâteaux de cire, garnis de miel; aussitôt les ouvrières s'occupent de construire une grande cellule et de la fournir de tout ce qui est nécessaire pour la nourriture d'une nouvelle reine, qu'on se hâte de leur donner. Souvent aussi on réunit deux essaims, et celui qui a été privé de sa reine devient sujet du nouvel état dans lequel on l'incorpore.

C'est dans les fleurs que les abeilles-ouvrières vont chercher la substance dont elles contruisent leurs cellules; elles se roulent dans leur calice, se garnissent les pattes du duvet léger dont il est rempli, le rassemblent en boule dans les brasses ou petites palettes de leurs pattes de derrière, et s'en retournent ainsi chargées à la ruche. Là, d'autres abeilles avalent cette matière, la préparent dans leur estomac et la laissent suinter dans leur corps. C'est avec cette espèce de sueur, qui s'affermit à l'air et qui compose la cire, qu'elles construisent, à l'aide de leur bouche et de leurs pattes, toutes les cellules, qui, réunies, forment le rayon.

Les mêmes abeilles-ouvrières vont pomper

dans le fond des fleurs, au moyen de leur trompe, un suc doux qu'elles avalent et dont elles dégorgent une partie dans les cellules; c'est ce qui compose le *miel;* elles en font une provision proportionnée à leur nombre; ce qui sert à leurs besoins, lorsque la campagne n'a plus de fleurs à leur offrir.

La reine fait sa ponte dans les premiers jours du printemps; les insectes qui sortent des œufs ont la forme de petits vers blancs, sans pieds. Les abeilles-ouvrières les nourrissent de miel jusqu'à ce qu'ils filent une espèce de léger cocon de soie, qui tapisse la cellule, et où ils s'enferment pour se métamorphoser en nymphe ou chrysalide. Au bout d'un certain temps elles se métamorphosent en faux-bourdons, abeilles-mères ou abeilles-ouvrières.

Pendant le temps du repos, et particulièrement l'hiver, il arrive quelquefois qu'un essaim sort de sa ruche et voyage pour chercher une autre habitation; alors elles se suspendent l'une à l'autre par les pattes et forment une espèce de grappe; il faut les suivre, si on ne veut point les perdre. Lorsqu'elles s'arrêtent sur un arbre pour se reposer, on étend un drap au-dessous, on secoue l'arbre; l'essaim ainsi groupé tombe, et on l'emporte.

Le miel est une substance aussi précieuse que son usage est varié. Si on le dissout dans de l'eau, et qu'on y ajoute du vinaigre, il en résulte une liqueur très-rafraîchissante que l'on nomme *oxymel*. Le miel produit aussi une liqueur spiritueuse appelée *hydromel*.

Les rayons produisent la cire, non moins avantageuse que le miel ; elle est naturellement jaune, mais on la fait blanchir à la rosée, et alors elle devient propre à faire des bougies.

La cire, mêlée avec de l'huile, sert encore à la préparation des étoffes de toile et de soie. Les abeilles sont utiles aux hommes par leur travail et offrent aux yeux de l'observateur le tableau le plus curieux des perfections de la nature.

LES GUÈPES.

On distingue plusieurs sortes de ces insectes, qui sont, à l'égard des abeilles, ce que les sauvages ou les peuples non civilisés sont à l'égard des autres hommes.

Les guèpes construisent des édifices, vivent en société, se nourrissent de pillage et ravagent nos espaliers. Cette république est fondée quelquefois par une seule femelle, échappée aux rigueurs de l'hiver ; elle creuse un trou dans la terre ou profite de celui déjà fait dans un tronc d'arbre, y bâtit à la hâte quelques cellules et y dépose un nombre infini d'œufs ; au bout de vingt jours, ils ont passé par l'état de vers, de chrysalide, et sont devenus guèpes. Les premiers éclos sont des guèpes sans sexe et se nomment *frelons-ouvriers*. Aussitôt nés, ils se mettent à l'ouvrage, vont sur les feuilles, sur les bois, les treillages, et cherchent des matériaux pour construire un guêpier ; ils observent à peu près la même architecture que les abeilles ; les cellules servent de même de logement et de magasin. Lorsqu'une partie des guêpes travaillent, d'autres vont chercher des provisions pour les nourrir ; chaque individu prend sa portion, sans disputes et sans combats. La république devient de jour en jour plus nombreuse. Aussitôt que chacun est pourvu de forces nécessaires, on vole aux champs ; mais dès-lors ce n'est plus qu'une troupe de brigands ; fruits, arbres, plantes, tout devient la proie de leur voracité. Ils fondent sur nos abeilles, les égorgent pour s'emparer de leur miel, les forcent à déguerpir et s'approprient le fruit de leurs travaux. Celles-ci se défendent avec courage, mais succombent ordinairement. Dans ces moments d'abondance, les guêpes apportent le miel au guêpier et le partagent entr'elles ; mais bientôt la discorde se met parmi ces voleurs. Vers le mois d'octobre, les provisions commencent à manquer ; la disette les anime d'une nouvelle fureur ; alors on se bat les uns contre les autres, on se dévore mutuellement ; les froids et les pluies achèvent ce qu'a commencé la discorde, presque tout périt, heureusement pour nos fruits et nos abeilles. Quelques femelles échappées aux malheurs de la guerre et aux rigueurs de l'hiver, fondent, le printemps suivant, de nouvelles colonies.

L'ARAIGNÉE.

Cet insecte inspire un dégoût qui naît souvent de la forme, mais plus encore de la fausse idée qu'il est venimeux. Ce qui prouve le contraire, c'est qu'on voit des personnes les manier et en avaler même, sans que cela leur fasse aucun mal. Il est certain, néanmoins, qu'il y a quelques espèces avec lesquelles il ne faudrait pas tenter de semblables expériences.

Il y a plusieurs sortes d'araignées, que l'on désigne par leurs habitudes et les lieux qu'elles habitent.

L'araignée emploie un art admirable dans la construction de ses filets. Comme ces insectes cruels se dévorent mutuellement, ils n'osent s'approcher l'un de l'autre qu'avec la plus grande circonspection.

Les araignées de jardin tendent leurs toiles horizontalement et d'une manière circulaire; elles attachent leurs fils d'une plante à l'autre. Les araignées de maisons emploient la même forme ; mais leur tissu est plus serré, et elles choisissent les encoignures.

L'araignée est occupée d'une guerre perpétuelle : certaines se suspendent à un fil et sautent sur leur proie ; d'autres lui tendent des filets et prennent quelquefois des mouches plus grosses qu'elles. Si elles éprouvent de la résistance, elles les garrottent de plusieurs fils, les sucent et laissent leur cadavre desséché.

On a essayé de faire de la soie d'araignée ; mais comme ces insectes se détruisent entr'eux, on a calculé que leur éducation deviendrait trop difficile et trop coûteuse ; cependant on est parvenu à fabriquer des gants et des bas de cette soie.

LA SAUTERELLE.

On distingue plusieurs espèces de ces insectes, différents par leurs formes, leur grandeur, leurs couleurs et les pays qu'ils habitent. Les sauterelles multiplient prodigieusement. Chaque femelle pond deux ou trois cents œufs. Ils éclosent vers la fin d'avril. Leur multiplication est telle dans certaines années, qu'elles deviennent pour quelques pays le fléau le plus redoutable. On les voit s'élever par légions dans les airs, former des nuées épaisses qui obscurcissent l'éclat du soleil. Ces armées formidables, portées par les vents, imitant par leur vol le bruit de la tempête, vont dévaster les campagnes. Au bout de quelques heures, les prairies et les plaines où elles s'abattent sont changées en déserts stériles.

LE PAPILLON.

Insecte qui a des pieds, quatre ailes, des yeux et des antennes. Avant de paraître sous cette forme, il a subi différentes métamorphoses, ayant été d'abord chenille, puis chrysalide. Il sort de ce dernier état pour vivre dans les airs.

Une belle collection de ces insectes est un spectacle brillant, où les couleurs les plus riches et les plus variées s'offrent à l'œil surpris avec toutes les grâces des nuances et du compartiment. Le seul aspect en est ravissant. Mais quelle matière sublime de réflexions pour l'observateur qui étudie l'organisation des êtres de la nature! La chenille nous apprend de quelle manière elle se prépare au sommeil léthargique qui doit servir de passage à sa métamorphose. Le terme de sa vie rampante est accompli. Elle change de forme pour devenir habitant de l'air. La chrysalide est tout à la fois le tombeau de la chenille et le berceau du papillon. C'est dans des coques soyeuses ou sous un voile de gaze, que s'opère tous les jours ce grand miracle de la nature. Mais comment ce papillon faible, sans arme, à peine développé, s'y prendra-t-il pour percer les murs impénétrables qui servaient à le garantir de l'insulte pendant son engourdissement? Comment soutiendra-t-il l'éclat de la lumière et la vivacité de l'air? Prenez une coque, faites-y une ouverture avec des ciseaux, collez-la contre un verre ; observez l'insecte, vous verrez les organes se développer insensiblement. Peu à peu la barrière s'ouvre, le papillon sort ; l'impression de l'air agit sur ses ailes ; peu apparentes d'abord, elles s'étendent avec une rapidité singuliere. Il agite ses aîles avec un doux frémissement ; il prend l'essor, et d'un vol sinueux parcourt les prairies émaillées de fleurs, plonge sa trompe dans leur calice.

Ce qui frappe l'observateur dans le papillon, ce sont les formes differentes de ses ailes, leurs couleurs variées à l'infini. Quelle richesse ! que de beauté ! que de merveilles dans la structure des papillons, dans le nombre des espèces ! C'est surtout de l'Amérique, des Indes et de la Chine, que nous viennent ces beaux papillons qui font l'ornement des cabinets.

LA FOURMI.

La forme extérieure de cet insecte est singulière et curieuse à l'inspection du microscope ; c'est avec raison qu'il est cité comme un modèle d'activité. Une fourmilière est une petite république bien disciplinée. La paix, l'union, la bonne intelligence, les secours mutuels méritent l'attention de l'observateur. Suivez des yeux une colonie qui commence à s'établir, toujours dans un terrain ferme, au pied d'un mur ou d'un arbre à l'exposition du soleil, vous apercevrez une et quelquefois plusieurs cavités en forme de voûte cintrée, qui conduisent dans un souterrain qu'elles se forment en élevant la terre. Une grande police dans leurs petits travaux empêche le désordre et la confusion. Chacune a son emploi : tandis que l'une va jeter au dehors la molécule de terre qu'elle vient de détacher, l'autre rentre pour travailler. Toutes occupées à se former une retraite, elles ne pensent à manger que lorsqu'il ne leur reste rien à faire. C'est dans cet antre, soutenu par les racines des arbres et des plantes, que les fourmis se réunissent, vivent en société, se mettent à l'abri des orages de l'été, des glaces de l'hiver, qu'elles prennent soin des œufs.

La conservation de l'espèce est, dans tous les êtres animés de la nature, le soin le plus important. Voyez avec quel intérêt et quelle precaution les fourmis, au commencement du printemps, se chargent des vers nouvellement éclos, pour les exposer aux premiers rayons du soleil bienfaisant. Les temps plus doux sont arrivés, et voilà les fourmis en campagne. Nouveaux soins, nouveaux travaux, grand mouvement, grandes provisions de vivres ; grains, fruits, insectes morts, tout est de bonne prise. La fourmi trop chargée de butin est aidée par la fourmi sa compagne. Celle-ci fait la découverte d'une bonne capture, elle en informe une autre, et bientôt une légion de fourmis vient s'emparer de la nouvelle conquête. Tous ces vivres ramassés avec tant de vivacité pendant le jour sont consommés sur-le-champ. Le caveau souterrain est la salle du festin. Chacun vient y prendre son repas. Tout est commun dans la petite république; les vers sont nourris à ses frais. Trop faibles et hors d'état d'aller à la picorée, c'est pour eux principalement qu'on s'empresse, qu'on va, qu'on vient, qu'on apporte, qu'on amasse.

Les fourmis des bois sont plus grosses que celles de nos jardins; elles sont aussi plus redoutables. Armées d'un petit aiguillon caché dans la partie postérieure du ventre, elles blessent celui qui les irrite. Leur piqûre occasionne une démangeaison chaude et douloureuse. Elles sont carnassières. Les grenouilles, lézards, oiseaux qu'on leur jette, sont disséqués avec la plus grande propreté et la plus grande délicatesse.

LE SCORPION.

Le scorpion est un insecte terrestre de moyenne grandeur, qui ressemble un peu à une petite écrevisse. On en distingue de neuf sortes par la diversité des couleurs ; il y en a de blanchâtres, de jaunes, de noirâtres, de roux, de cendrés, de couleur de rouille, de verts, de vineux et de couleur de suie. On y remarque principalement quatre parties : la tête, la poitrine, le ventre et la queue. Il a de quatre à six yeux. Aux deux côtés de la tête ou de l'avant de la poitrine, on voit sortir deux bras composés chacun de quatre à cinq articulations, dont la dernière est assez grosse, contenant de fort muscles, et faites en forme de tenailles, comme l'extrémité des bras des écrevisses. La queue est composée de six boutons ou nœuds, plus ou moins arrondis et velus, attachés bout à bout en forme de grains de chapelet, et mobiles à l'endroit de leur articulation. Le dernier nœud est armé d'un poignard qui est autant une arme offensive que défensive ; c'est un aiguillon long, recourbé en bas, fort pointu, dur, creux, percé vers sa pointe d'un petit trou par lequel, quand l'animal pique, il rend ou exprime une gouttelette de liqueur blanchâtre et venimeuse. Le scorpion femelle est plus grand, plus gros, plus rond et plus noir que le mâle. Cette femelle fait trente à soixante petits qui semblent attachés au dos et au ventre de leur mère. Maupertuis a fait différentes expériences sur la piqûre du scorpion et a vu avec surprise qu'elle est quelquefois très-dangereuse et quelquefois sans la moindre suite. C'est dans les pays chauds que se trouve le scorpion ; on en voit dans la partie méridionale de la France. Plus le climat est brûlant, plus la piqûre de ces animaux est dangereuse. Le meilleur remède à cette blessure est d'écraser, dit-on, le scorpion même sur la plaie qu'il a faite, et de se servir de son huile.

LE KERMÈS.

Le *kermès* est doublement intéressant par son utilité et par son histoire. Il s'attache aux racines, aux tiges et aux feuilles des plantes ; on en trouve sur la vigne, l'orme, le chêne, le sapin, l'érable, le coudrier, le charme, le néflier et le tilleul. C'est en Provence, en Espagne et dans les pays chauds qu'il est commun. C'est principalement sur l'ilex ou chêne vert qu'on en fait la récolte au commencement de l'été. C'est avec les ongles et avant le lever du soleil, que les femmes détachent le kermès, plus gros et d'une couleur plus vive, sur les arbrisseaux voisins de la mer. On les arrose de vinaigre pour les faire périr, et on les fait sécher. Le kermès donne une très-belle teinture à la soie et à la laine. On nomme sa coque graine d'écarlate.

LA COCHENILLE.

Avant de connaître l'avantage qu'on pouvait retirer du kermès, on avait recours à la cochenille, autre insecte que l'on trouve en Amérique sur l'opuntia, espèce de figuier. La cochenille vivante est assez inodore, d'un blanc sale à l'extérieur; elle donne, aussitôt qu'on l'écrase, une teinture d'un rouge vif, couleur de feu, plus ou moins éclatant. Les mâles seuls ont des ailes. C'est au Mexique qu'on recueille principalement cet insecte précieux, qui s'attache aux feuilles de diverses plantes, mais qu'on a soin de transporter sur l'opuntia, pour lui faire prendre une nourriture qui le rend plus propre à l'usage auquel on le destine. On fait chaque année trois récoltes de cochenilles, et il faut qu'il y ait bien des personnes occupées à l'éducation de ces petits animaux; car, en 1787, on a calculé qu'il entrait en Europe, chaque année, huit cent quatre-vingt mille livres pesant de cochenille. Trois livres de cochenilles vivantes ne pèsent qu'une livre étant desséchées.

LE PERCE-OREILLE.

Il est long et fort agile; l'extrémité de son ventre est armée de deux parties mobiles en forme de pinces. Son nom lui vient de ce qu'il se glisse avec vitesse dans l'oreille de l'homme, quand il le peut. « Je me souviens, dit Bomare, que, dans mon enfance, un de mes frères me fit entrer un de ces insectes dans l'oreille, et que j'en fus comme fou pendant quatre jours; l'accident se termina par un léger mal de tête. Pour me venger, je jouai le même tour à ce frère, qui en fut beaucoup plus affecté que moi; car il y avait des moments où il courait se plonger la tête dans un seau d'eau; dans d'autres instants, il saignait du nez et croyait voir un arcen-ciel. Ce frère avait, ainsi que moi, beaucoup de peur d'en mourir, et nous n'étions pas un instant sans gratter dans notre oreille avec un instrument, qui probablement y produisit tout ou la plus grande partie du mal ; car, il faut en convenir, les pinces du perce-oreille ne sont aucunement redoutables ; à peine font-elles une impression sensible aux doigts qui en sont saisis. » Le même auteur rapporte l'exemple d'une femme qui vécut vingt ans avec plusieurs perce-oreilles dans la tête, et il finit par avertir combien il est imprudent de dormir sur l'herbe et sous les arbres dans les beaux jours, temps où la nature fourmille d'insectes toujours dangereux. Il ne faut cependant pas croire que l'insecte puisse pénétrer dans l'intérieur du crâne, attendu qu'il n'y a point d'ouverture qui y communique.

LA TARENTULE.

C'est une grosse araignée qui se trouve particulièrement dans les pays méridionaux. Son nom vient de Tarente, ville d'Italie. Un vieux préjugé fait croire aux personnes simples ou ignorantes que celles qui étaient piquées par une tarentule étaient atteintes d'une espèce de folie qui les faisait rire, chanter, pleurer ou crier, et que le son d'un instrument, invitant le malade à danser, lui offrait un soulagement. Rien n'est plus absurde que cette croyance, que la frayeur a pu seule produire dans un temps d'ignorance et de superstition.

Cependant cette erreur a été si générale, que des médecins ont fait de longs traités sur cette prétendue maladie frénétique, qu'ils ont nommée *tarentisme*. Ils ont poussé le charlatanisme au point de citer les airs qui étaient les plus favorables à sa guérison.

La vérité est que la morsure de la tarentule est un peu venimeuse, mais qu'elle ne produit qu'une légère enflure qui se guérit aisément. Les habitants des pays où elle est très-commune rient du ridicule préjugé qui existe sur son compte, et ne la craignent pas plus que les autres araignées.

LA CANTHARIDE.

On appelle communément cet insecte mouche cantharide, parce qu'il a quelque ressemblance avec une mouche; mais son corps vert-doré est beaucoup plus allongé.

Les cantharides se rassemblent ordinairement en grand nombre sur le frêne, qu'elles préfèrent aux autres arbres. Quand on passe au-dessous, on les reconnaît à une odeur très-forte et qui affecte les nerfs délicats.

Ces insectes, mis en poudre, sont un poison violent; on s'en sert pour brûler la peau; c'est avec cette poudre que l'on fait l'onguent que l'on emploie pour les vésicatoires.

LE GRILLON.

On distingue deux classes de ces insectes. Les uns sont domestiques, habitent les maisons, se plaisent derrière les plaques des cheminées, au pied des fours, dans tous les endroits chauds. Les autres habitent de petits trous souterrains dans les campagnes ; le soir on les entend chanter de toutes parts lorsqu'il fait beau ; au moindre bruit ils se taisent, ils sont saisis d'effroi.

Il n'y a point de différence, quant à la forme, entre le grillon sauvage et le grillon domestique. Quelque peu agréable que soit le chant de cet insecte, il paraît avoir des charmes pour les habitants des campagnes ; ils respectent les grillons, les regardent comme des hôtes qui portent le bonheur à leurs maisons et élèvent leurs enfants dans le même préjugé.

En Afrique, il y a des peuples chez lesquels on les vend au marché ; on les achète pour les mettre dans les maisons ; le chant de ces animaux leur procure un sommeil agréable. On remarque que le grillon sauvage est l'ennemi du grillon domestique ; il le poursuit partout, l'attaque et le tue.

FIN.

ROUEN. Imp. MÉGARD et Cie.

www.ingramcontent.com/pod-product-compliance
Lightning Source LLC
LaVergne TN
LVHW020606230826
846091LV00002B/622

* 9 7 8 2 3 2 9 3 4 4 2 3 2 *